Christian Bleschke

Entwicklung polymerisierbarer BINOL-Derivate

Christian Bleschke

Entwicklung polymerisierbarer BINOL-Derivate

zur Herstellung von immobilisierten, chiralen Brønstedsäuren und Liganden - Anwendung in der asymmetrischen Katalyse

Südwestdeutscher Verlag für Hochschulschriften

Impressum/Imprint (nur für Deutschland/only for Germany)
Bibliografische Information der Deutschen Nationalbibliothek: Die Deutsche Nationalbibliothek verzeichnet diese Publikation in der Deutschen Nationalbibliografie; detaillierte bibliografische Daten sind im Internet über http://dnb.d-nb.de abrufbar.
Alle in diesem Buch genannten Marken und Produktnamen unterliegen warenzeichen-, marken- oder patentrechtlichem Schutz bzw. sind Warenzeichen oder eingetragene Warenzeichen der jeweiligen Inhaber. Die Wiedergabe von Marken, Produktnamen, Gebrauchsnamen, Handelsnamen, Warenbezeichnungen u.s.w. in diesem Werk berechtigt auch ohne besondere Kennzeichnung nicht zu der Annahme, dass solche Namen im Sinne der Warenzeichen- und Markenschutzgesetzgebung als frei zu betrachten wären und daher von jedermann benutzt werden dürften.

Verlag: Südwestdeutscher Verlag für Hochschulschriften GmbH & Co. KG
Dudweiler Landstr. 99, 66123 Saarbrücken, Deutschland
Telefon +49 681 37 20 271-1, Telefax +49 681 37 20 271-0
Email: info@svh-verlag.de

Zugl.: Berlin, TU, Diss., 2011

Herstellung in Deutschland:
Schaltungsdienst Lange o.H.G., Berlin
Books on Demand GmbH, Norderstedt
Reha GmbH, Saarbrücken
Amazon Distribution GmbH, Leipzig
ISBN: 978-3-8381-2938-9

Imprint (only for USA, GB)
Bibliographic information published by the Deutsche Nationalbibliothek: The Deutsche Nationalbibliothek lists this publication in the Deutsche Nationalbibliografie; detailed bibliographic data are available in the Internet at http://dnb.d-nb.de.
Any brand names and product names mentioned in this book are subject to trademark, brand or patent protection and are trademarks or registered trademarks of their respective holders. The use of brand names, product names, common names, trade names, product descriptions etc. even without a particular marking in this works is in no way to be construed to mean that such names may be regarded as unrestricted in respect of trademark and brand protection legislation and could thus be used by anyone.

Publisher: Südwestdeutscher Verlag für Hochschulschriften GmbH & Co. KG
Dudweiler Landstr. 99, 66123 Saarbrücken, Germany
Phone +49 681 37 20 271-1, Fax +49 681 37 20 271-0
Email: info@svh-verlag.de

Printed in the U.S.A.
Printed in the U.K. by (see last page)
ISBN: 978-3-8381-2938-9

Copyright © 2011 by the author and Südwestdeutscher Verlag für Hochschulschriften GmbH & Co. KG and licensors
All rights reserved. Saarbrücken 2011

Zusammenfassung

Im ersten Teil dieser Arbeit wurde die Entwicklung chiraler, katalytisch aktiver Polymere mit intrinsischer Mikroporosität vorgestellt. Zunächst wurden verschiedene enantiomerenreine BINOL-Derivate mit polymerisierbaren Substituenten synthetisiert. Nachfolgend erwies sich die oxidative Kupplung von Thiophenen als geeignete Polymerisationsmethode. Sie tolerierte alle benötigten funktionellen Gruppen und ermöglichte die Darstellung von Polymeren und Copolymeren aus Thienyl-substituierten Monomeren. Die hergestellten Feststoffe wiesen intrinsische Mikroporosität und hohe spezifische Oberflächen von bis zu 1247 $m^2\ g^{-1}$ auf. Phosphorsäure-funktionalisierte Monomere und Polymere konnten anschließend erfolgreich als Organokatalysatoren in der enantioselektiven Transferhydrierung von Stickstoffheterocyclen eingesetzt werden. Strukturen, mit geringem Abstand zwischen den polymerisierbaren Gruppen und dem katalytisch aktiven Zentrum, zeigten nach der Polymerisation eine erhöhte Enantioselektivität von bis zu 60 % ee im Vergleich zu den entsprechenden monomeren Katalysatoren mit maximal 34 % ee. Demnach führte die Polymerisation sowohl zur Immobilisierung als auch zur Verbesserung der Enantioselektivität der monomeren Katalysatoren. Erste Untersuchungen zeigten, dass die heterogenen Katalysatoren einfach separiert und wiederverwendet werden können. Die Ergebnisse repräsentieren die ersten Beispiele für eine enantioselektive Organokatalyse mit mikroporösen organischen Polymeren.

Im zweiten Teil dieser Arbeit wurde ein polymerisierbarer Octahydro-BINOL-Ligand hergestellt. Der Ligand ist den Monoalkoxy-Liganden in den neusten Schrock-Metathese-Katalysatoren nachempfunden und soll als Grundlage für Untersuchungen zur Immobilisierung dieser Katalysatoren dienen. Als polymerisierbare Gruppe wurde eine Norborneneinheit gewählt, die mit der Silylschutzgruppe im Liganden verknüpft wurde. Die Stabilität der Schutzgruppe wurde durch die Variation der übrigen Alkylsubstituenten am Silizium optimiert. Das entsprechende Silylchlorid wurde über eine Hydrosilylierung als Schlüsselschritt hergestellt und erfolgreich mit 3,3'-Dibrom-Octahydro-BINOL umgesetzt. Die flexible Syntheseroute ermöglicht zudem einen einfachen Zugang zu weiteren Liganden mit unterschiedlicher Halogensubstitution, die im Rahmen dieser Arbeit nicht mehr hergestellt wurden.

Die vorliegende Arbeit wurde unter der Leitung von Herrn Prof. Dr. Siegfried Blechert in der Zeit von November 2007 bis Juli 2011 am Institut für Chemie der Fakultät II der Technischen Universität Berlin angefertigt.

Herrn Prof. Dr. Siegfried Blechert danke ich für die hervorragenden Arbeitsbedingungen, die interessante Themenstellung, die Unterstützung und für das in mich gesetzte Vertrauen bei der Durchführung dieser Arbeit.

Herrn Prof. Dr. Hans-Ulrich Reißig danke ich für die Übernahme der zweiten Berichterstattung.

Herrn Prof. Dr. Arne Thomas danke ich für die Übernahme des Vorsitzes im Promotionsausschuss sowie für die Unterstützung, das Vertrauen und die gute Kooperation, die einen Großteil dieser Arbeit erst ermöglicht haben.

Allen technischen und wissenschaftlichen Angestellten des Instituts für Chemie danke ich sehr herzlich für die gute Zusammenarbeit und ihre stete Hilfsbereitschaft.

Besonderer Dank gilt allen jetzigen und ehemaligen Kollegen im Arbeitskreis Blechert für die gute Zusammenarbeit und die tolle Arbeitsatmosphäre. Die gemeinsam verbrachten Stunden in und außerhalb der Arbeitszeiten werden mir in guter Erinnerung bleiben.

Bei Dipti Sankar Kundu und Johannes Schmidt bedanke ich mich für ihr Engagement und die erfolgreiche Zusammenarbeit.

Für das Korrekturlesen dieser Arbeit danke ich Matthias Grabowski, Christian Kuhn, Aneta Schimanowitz, David Schlesiger und Johannes Schmidt.

Besonders dankbar für all ihre Unterstützung bin ich meiner Familie, meinen Freunden und vor allen Dingen Aneta.

All jenen, die mich so tatkräftig unterstützt haben.

„*Das schönste Glück des denkenden Menschen ist,
das Erforschliche erforscht zu haben und
das Unerforschliche ruhig zu verehren*"

———

J. W. von Goethe

Inhaltsverzeichnis

Teil 1: Chirale Polymere mit intrinsischer Mikroporosität und deren Anwendung in der heterogenen asymmetrischen Katalyse 1

   1.1 Theoretischer Hintergrund 2

      1.1.1 Mikroporöse organische Polymere 2

      1.1.2 Polymere mit intrinsischer Mikroporosität 5

      1.1.3 Katalyse in mikroporösen organischen Polymeren 7

      1.1.4 BINOL-Derivate in der asymmetrischen Katalyse 9

      1.1.5 Chirale Phosphorsäuren in der asymmetrischen Katalyse 10

      1.1.6 Heterogene chirale Phosphorsäuren 13

   1.2 Zielsetzung und Konzept 15

   1.3 Synthese der Monomere 18

      1.3.1 Synthese der Thiophen-Monomere 19

      1.3.2 Synthese der Nitril-Monomere 27

   1.4 Synthese der Polymere 28

      1.4.1 Polymerisation der Thiophen-Monomere 29

      1.4.2 Modifizierung der Thiophen-Polymere 35

      1.4.3 Polymerisation der Nitril-Monomere 36

   1.5 Anwendungen in der heterogenen asymmetrischen Katalyse 37

      1.5.1 Versuche zur asymmetrischen Transferhydrierung 38

      1.5.2 Versuche zur asymmetrischen Morita-Baylis-Hillman-Reaktion 52

      1.5.3 Versuche zur asymmetrischen Alkylierung von Aldehyden 53

   1.6 Zusammenfassung und Ausblick 55

Teil 2: Immobilisierung chiraler Molybdänkatalysatoren für die Olefinmetathese 59

2.1 Theoretischer Hintergrund 60

    2.1.1 Molybdänkomplexe in der Olefinmetathese 60

    2.1.2 Enantioselektive Olefinmetathese mit chiralen Molybdänkomplexen 61

    2.1.3 Immobilisierte Molybdänkatalysatoren in der Olefinmetathese 63

2.2 Zielsetzung und Konzept 66

2.3 Synthese der Monomere 68

    2.3.1 Anbindung der Norborneneinheit über die Silylschutzgruppe 68

    2.3.2 Anbindung der Norborneneinheit über einen 3'-Aryl-Substituenten 73

2.4 Zusammenfassung 77

Teil 3: Experimenteller Teil 79

3.1 Allgemeines 80

3.2 Versuchsvorschriften zur Synthese der Monomere 83

3.3 Katalyse-Tests 121

3.4 Modifizierung der Polymere 129

Teil 4: Anhang 130

4.1 Abkürzungsverzeichnis 131

4.2 Literaturverzeichnis 135

Teil 1

Chirale Polymere mit intrinsischer Mikroporosität und deren Anwendung in der heterogenen asymmetrischen Katalyse

1.1 Theoretischer Hintergrund

1.1.1 Mikroporöse organische Polymere

Mikroporöse Polymere sind nach IUPAC-Definition Materialien, deren Poren einen Durchmesser von weniger als 2 nm besitzen.[1] Die spezifische Oberfläche dieser Materialien kann aus der Messung der Stickstoffadsorption nach der *Brunauer-Emmett-Teller*-Methode (BET-Methode)[2, 3] bestimmt werden und erreicht mehrere 100 m^2 g^{-1} oder sogar mehrere 1000 m^2 g^{-1}.[4] Poröse Materialien mit großen Oberflächen finden unter anderem Verwendung bei Trennungsverfahren oder der Adsorption von Schadstoffen und werden für die Speicherung von Gasen wie z. B. Wasserstoff eingesetzt.[5] Porosität ist außerdem eine wichtige Eigenschaft bei Anwendungen im Bereich der heterogenen Katalyse, denn in funktionalisierten Polymeren mit großen spezifischen Oberflächen sind viele aktive Zentren gut erreichbar und dies ermöglicht eine hohe katalytische Aktivität.[6] Mikroporen bieten darüber hinaus die Möglichkeit verschiedene Substratmoleküle nach ihrer Größe oder Gestalt zu selektieren, da ihre Abmessungen in der Größenordnung organischer Moleküle liegen und nicht beliebig große Substrate in die Porenstruktur dieser Materialien eindringen können.[7-9] Heute ist eine enorme Zahl an mikroporösen Strukturen bekannt, die aus den unterschiedlichsten Materialien bestehen. Anorganische Vertreter wie Zeolithe, Silikate, Metalloxide und Aktivkohlen zählen zu den ältesten Vertretern und wurden bereits vielfältig modifiziert und eingesetzt (Abbildung 1).[7, 10] Im letzten Jahrzehnt hat das Interesse an mikroporösen Polymeren, die organische Struktureinheiten enthalten, stark zugenommen.[5] Diese bergen auf Grund der synthetischen Diversität organischer Moleküle ein großes Potential in vielen Anwendungsbereichen. Den Übergang zu rein organischen Polymeren bilden Hybridmaterialien, in denen organische mit anorganischen Elementen verknüpft sind. Ein Beispiel hierfür sind periodische mikroporöse Organosilikate (PMO), deren Silikatvorstufen über organische Gruppen verbrückt sind.[11, 12] Eine weitere Gruppe von Polymeren, die nicht vollständig aus organischen Komponenten bestehen, ist unter dem Begriff der metallorganischen Gerüstverbindungen (MOF) zusammengefasst. MOFs bestehen aus polytopen Liganden und Metallionen, die sich über koordinative Bindungen zusammenlagern. Die Verknüpfungsreaktionen sind auf Grund der schwachen Bindung auch bei milden Reaktionsbedingungen reversibel. Durch die Reversibilität bilden sich hochgeordnete kristalline Strukturen aus.[13] Ähnlich wie viele molekulare Metallkomplexe sind diese Netzwerke allerdings oft empfindlich gegenüber Feuchtigkeit oder Sauerstoff.[13, 14]

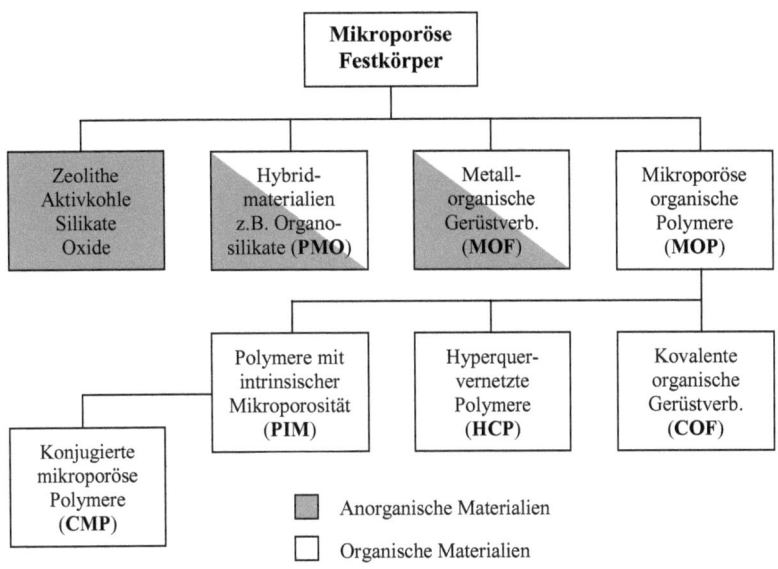

Abbildung 1: Übersicht über die Einteilung mikroporöser Materialien.

Mikroporöse organische Polymere (MOP) bestehen im Gegensatz zu den zuvor genannten Materialien gänzlich aus kovalent verknüpften, organischen Molekülen (Abbildung 1). Die festen Bindungen verleihen diesen Polymeren eine hohe thermische und auch chemische Stabilität. Der Aufbau von Mikroporosität in organischen Makromolekülen stellt jedoch besondere Anforderungen an die innere Struktur der Polymere, da der zusätzliche Beitrag der Oberflächenenergie in kleinen Poren die Gesamtenergie des Systems stark erhöht. Die meisten organischen Moleküle sind „weich" und flexibel und können der erhöhten Energie mikroporöser Systeme nicht standhalten. Die Porenwände verformen sich, um intermolekulare Wechselwirkungen zu erhöhen und die Gesamtenergie des Systems zu minimieren. In der Folge kollabiert die Porenstruktur und die spezifische Oberfläche verringert sich.[15] Um dies zu verhindern, gibt es verschiedene Strategien. Die ersten mikroporösen organischen Polymere wurden ausgehend von mesoporösen Materialien, wie z. B. Polystyrol oder Polycarbinol durch eine zusätzliche Quervernetzung erzeugt.[16-19]

Solche hyperquervernetzten Polymere (HCP) sind amorph und können spezifische Oberflächen von über 2000 m^2 g^{-1} aufweisen. Die hohe Porosität in HCPs ist die Folge einer kinetisch kontrollierten Reaktionsführung und irreversiblen Verknüpfungsreaktionen, die dafür sorgen, dass die Systeme in einem thermodynamisch ungünstigen Zustand „eingefroren" werden. Einen komplementären Ansatz wählten hingegen *Yaghi* und Mitarbeiter als sie 2005 erstmals kristalline mikroporöse Polymere aus rein organischen Komponenten herstellten (Abbildung 2 a).[20-22]

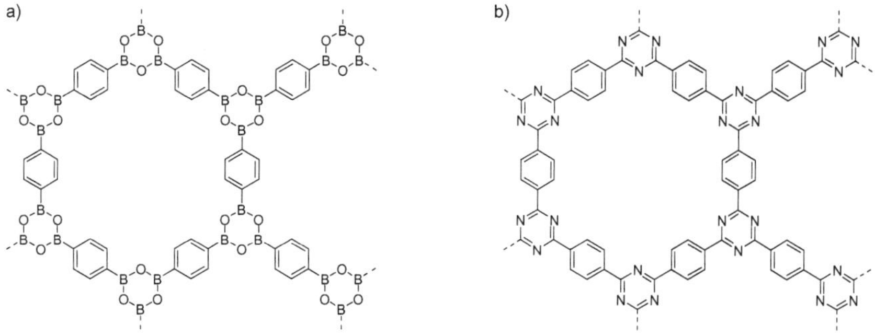

Abbildung 2: Ausschnitte mikroporöser COFs: a) Boroxin-Polymer; b) Triazin-Polymer.

Für die Synthese der kovalent-gebundenen organischen Gerüstverbindungen (COF) verwendeten sie Kondensationsreaktionen, die reversibel sind, so dass sich geordnete, thermodynamisch (meta)stabile Systeme ausbilden konnten. Der regelmäßige Aufbau der Boroxin- oder Boronatester-Strukturen ähnelt dem der MOFs, ist aber vollständig über kovalent verknüpfte Moleküle realisiert. Die spezifischen Oberflächen lagen bei über 4000 m^2 g^{-1} und zählen zu den höchsten, die bisher mit organischen Polymeren erreicht wurden.[23] Den Boroxinen strukturell verwandte Polytriazine (Abbildung 2 b) mit spezifischen Oberflächen von fast 2500 m^2 g^{-1} wurden von *Antonietti*, *Thomas* und Mitarbeitern beschrieben. Sie erzeugten diese neue Klasse von COFs über eine reversible Trimerisierungreaktion von Di- und Tricyanobausteinen.[24, 25]

1.1.2 Polymere mit intrinsischer Mikroporosität

Neben HCPs und COFs bilden Polymere mit intrinsischer Mikroporosität (PIM) eine weitere Klasse von mikroporösen organischen Materialien. PIMs besitzen eine amorphe Porenstruktur, die im Gegensatz zu HCPs ohne nachträgliche Modifikation direkt bei der Polymerisation erzeugt wird.[26] Die Porosität resultiert entweder aus Hohlräumen innerhalb der polymerisierten Moleküle (Monomere) oder aus einer ineffizienten Packung bzw. Zusammenlagerung der einzelnen Moleküle. Auch wenn kürzlich von *Cooper* vorgeschlagen wurde letzteres als extrinsische Porosität zu bezeichnen,[27] wird der Begriff PIM in dieser Arbeit angelehnt an die Definition von *Budd* und *McKeown* für die Zusammenfassung beider Phänomene verwendet.[8, 26] Geeignete Monomere für ein PIM sind starre, sperrige und gewinkelte Moleküle, die sich nur schlecht und unter Ausbildung von Hohlräumen zusammenlagern (Schema 1). Ist dieses „interne freie molekulare Volumen" ausreichend verknüpft, weist der Festkörper Mikroporosität auf.[8]

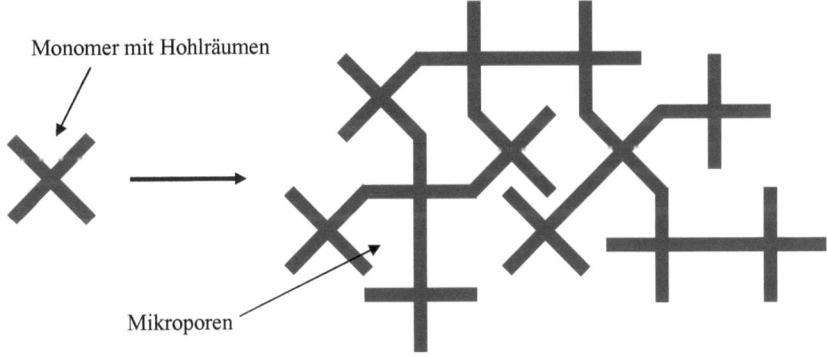

Schema 1: Bildung eines mikroporösen Netzwerks aus sperrigen und starren Monomeren.

Die ersten Ansätze dieses Konzept gezielt zu nutzen, wurden 2002 von *McKeown*, *Budd* und Mitarbeitern beschrieben.[28, 29] Sie verknüpften planare Phthalocyanin- und Porphyrin-Fragmente mit verdrehten Spiroverbindungen, um die amorphe, poröse Struktur von Aktivkohle zu imitieren (Abbildung 3 a). Die hergestellten Polymere hatten spezifische Oberflächen von 450 $m^2\ g^{-1}$ bis 1000 $m^2\ g^{-1}$.

Wenig später konnten sie außerdem zeigen, dass das Konzept auch auf lineare lösliche Polymere erweitert werden kann. Aus starren und sperrigen Untereinheiten aufgebaute Ketten lagerten sich bei Abwesenheit von Lösungsmittel zu mikroporösen Feststoffen mit hohen spezifischen Oberflächen zusammen.[8] Neben Spiroverbindungen wurden später auch 1,1'-Binaphthyl-Derivate als strukturgebende Monomere (Tektone) eingesetzt.[30-32] Die gehinderte Rotation um die verbrückende Einfachbindung der beiden Naphthylhälften verleiht diesen Molekülen eine gewinkelte und sperrige Struktur. *Guiver* und Mitarbeiter demonstrierten diesen Ansatz z. B. durch den Aufbau eines linearen PIMs, in dem Binaphthyl- und Spiroverbindungen über Dioxanringe miteinander verknüpften wurden (Abbildung 3 b).

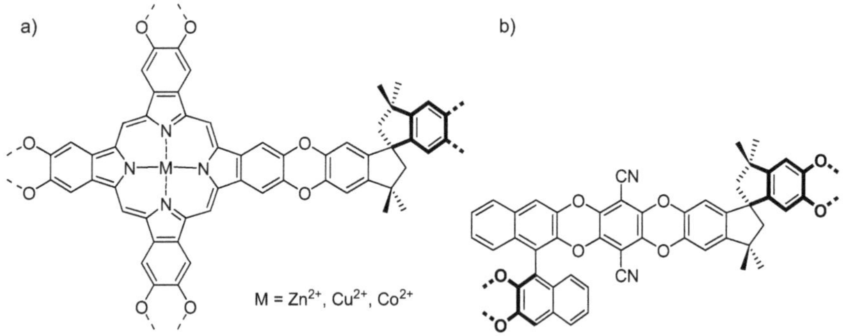

Abbildung 3: a) PIM mit eingebauter Porphyrineinheit; b) PIM aus BINOL-Derivaten und Spiroverbindungen.

In der weiteren Entwicklung von PIMs stellten *Cooper* und Mitarbeitern mikroporöse Netzwerke über eine Sonogashira-Hagihara-Kupplung aus starren aromatischen Monomeren her (Abbildung 4 a). *Cooper* prägte für diese Netzwerke den Begriff der konjugierten mikroporösen Polymere (CMP), da sie vollständig aus konjugierten Untereinheiten aufgebaut wurden.[4, 33] Bei den vorgestellten Netzwerken war es möglich über die Geometrie der Monomere kontrolliert Einfluss auf die Porengröße, das Porenvolumen und die spezifische Oberfläche zu nehmen. Eine Eigenschaft, die vorher nur kristallinen Strukturen vorbehalten war.[33] Darüber hinaus zeigten *Cooper* und Mitarbeiter 2008, dass in einer statistischen Copolymerisation die Polymereigenschaften in fließender Weise moduliert werden können, indem das Monomerverhältnis variiert wird.[34] Diese Flexibilität ist in kristallinen Systemen nicht möglich und stellt ein weiteres Beispiel für die interessanten Eigenschaften von Polymeren mit intrinsischer Mikroporosität dar.

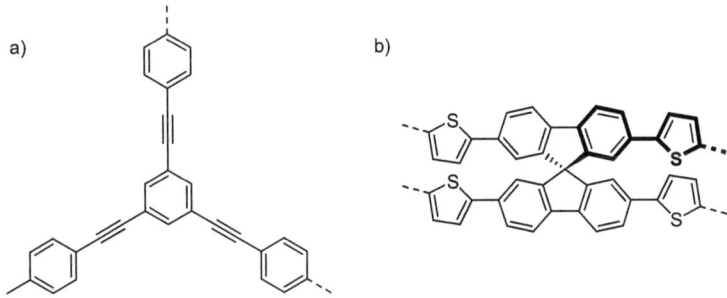

Abbildung 4: a) Ausschnitt aus einem CMP; hergestellt über Sonogashira-Hagihara-Kupplung; b) CMP aus Spirobifluoren-Einheiten; hergestellt über die oxidative Kupplung von Thiophenen.

Etwa zeitgleich mit Coopers CMPs beschrieben *Antonietti, Thomas* und Mitarbeiter auf Spirobifluorenen basierte mikroporöse Polymere (Abbildung 4 a).[35] Die Spirobifluoren-Bausteine wurden über verschiedene funktionelle Gruppe entweder direkt oder zusammen mit einem weiteren Tekton (co-)polymerisiert.[36-39] Nach diesen ersten Arbeiten wurden zahlreiche weitere PIMs aus diversen Monomeren und über verschiedene Verknüpfungsreaktionen hergestellt. Außerdem wurden zunehmend die optischen und elektronischen Eigenschaften der Materialien sowie ihre Anwendung im Bereich der Gasspeicherung oder der heterogenen Katalyse untersucht.[26]

1.1.3 Katalyse in mikroporösen organischen Polymeren

Mikroporöse Polymere bieten auf Grund der großen spezifischen Oberfläche, den relativ kleinen Poren und ihrer flexibel kontrollierbaren Eigenschaften interessante Voraussetzungen für den Einsatz in der heterogenen Katalyse. Der Einbau von Metallnanopartikeln in verschiedene MOPs führte zum Beispiel zu Partikeln mit einer engen Größenverteilung und einer erhöhten Stabilität gegenüber Agglomeration.[38, 40-44] Diese funktionalisierten Polymere wurden erfolgreich in Oxidations- und Reduktionsreaktionen eingesetzt und zeigten unter anderem verbesserte Selektivitäten oder Aktivitäten als vergleichbare Polystyrol- oder Aktivkohle-Katalysatoren. Zudem konnte durch Zusatz eines chiralen Alkaloids die

Oberfläche eines HCPs dahingehend modifiziert werden, dass immobilisierte Platinnanopartikel eine enantioselektive Hydrierung von β-Ketoestern katalysierten.[45] Die Porenwände in MOPs bestehen aus organischen Molekülen und im Gegensatz zu anorganischen Polymeren bietet sich die Möglichkeit einen Katalysator oder Ligand direkt in die Netzwerkstruktur zu integrieren. Dies kann von Vorteil sein, da eine nachträgliche Modifikation eines Polymers (Grafting-Methode) zu einer inhomogenen und geringen Katalysatorbeladungen oder sogar zu einer Verstopfung der Poren führen kann.[46] Zudem besteht die Möglichkeit durch den Einbau eines Katalysators oder Liganden in ein festes Gefüge, seine Stabilität oder Selektivität zu erhöhen.[47] Die ersten Beispiele stammen von *Budd*, *McKeown* und Mitarbeitern, die ihre in Abbildung 3 a dargestellten Porphyrin-PIMs mit Cobalt- und Eisenionen beluden und erfolgreich in der Oxidation von Cyclohexen, Hydrochinon oder Sulfidionen einsetzten.[47, 48] Ein weiteres mit Palladiumchlorid funktionalisiertes Polymer katalysierte Suzuki-Kupplungen[49] und ein dem Periana-Katalysator[50] nachempfundenes COF zeigte eine hohe Stabilität und Selektivität bei der Oxidation von Methan zu Methanol (Abbildung 5 a).[51] Alternativ zur nachträglichen Beladung mit Metallionen gelang kürzlich auch die direkte Copolymerisation von photoaktiven Ruthenium- und Iridium-Komplexen zu mikroporösen Netzwerken.[52] Wie bei den zuvor beschriebenen Beispielen haben die Metallionen in diesen Polymeren im Gegensatz zu MOFs keine strukturgebende Funktion, sondern sind ausschließlich für die katalytische Aktivität des Materials verantwortlich.

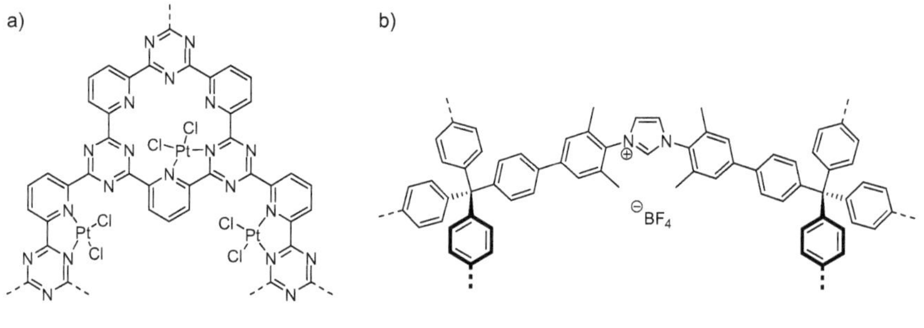

Abbildung 5: a) Heterogene Variante des Periana-Katalysators; b) Immobilisiertes *N*-heterocyclisches Carben.

Fast alle Beispiele für eine katalytische Anwendung von MOPs stammen bisher aus dem Bereich der Übergangsmetallkatalyse. Obwohl es naheliegend ist, die rein organische Struktur dieser Polymere auch für die Immobilisierung von Organokatalysatoren zu verwenden, wurde dieser Ansatz bisher nur in wenigen Fällen verwirklicht. 2010 wurde z. B. ein hyperquervernetztes Polystyrol mit einem DMAP-analogen Katalysator beladen und in Acylierungsreaktionen eingesetzt.[53] Die Aktivität des mikroporösen Systems war deutlich höher als die von vergleichbaren herkömmlichen Polystyrolen mit kleineren spezifischen Oberflächen. Der erste direkte Einbau eines Organokatalysators gelang 2011 bei einem N-heterocyclischen Carben, das mit einem strukturgebenden Tekton über eine Suzuki-Reaktion copolymerisiert wurde (Abbildung 5 b). Das katalytisch aktive, mikroporöse Netzwerk konnte anschließend erfolgreich in einer Umpolungsreaktion eingesetzt werden.[54]

1.1.4 BINOL-Derivate in der asymmetrischen Katalyse

Noyori verwendete 1987 erstmals das 1,1'-Binaphthyl-Gerüst in einem Liganden für Ruthenium und erreichte mit diesen Komplexen in der asymmetrischen Hydrierung von Carbonylgruppen hervorragende Enantioselektivitäten.[55] Seitdem wurden, vor allem auf Grundlage des 1,1'-Bi-2-naphthols (BINOL) und seinen Derivaten, kontinuierlich neue katalytische Systeme entwickelt, die das axial chirale Rückgrat dieser Strukturen als Quelle chiraler Information nutzen.[56, 57] In Übergangsmetall-katalysierten Reaktion zeigten sich BINOL-Derivate häufig gegenüber anderen Liganden überlegen und erreichten hohe Enantiomerenüberschüsse. BINOL-Titan-Komplexe sind beispielsweise effiziente Katalysatoren für die Alkylierung von Aldehyden mit Dialkylzinkverbindungen[58-60] und Grignard-Verbindungen.[61, 62] Mit der Entwicklung der Organokatalyse hat sich seit Anfang des letzten Jahrzehnts ein weiterer Katalysebereich etabliert, in dem BINOL-Derivate erfolgreich eingesetzt werden konnten. Die Azidität der phenolischen Protonen des BINOLs ermöglicht die Verwendung als Organokatalysator in asymmetrischen Brønstedsäure-katalysierten Reaktionen.[63] Bei diesen Reaktionen wird ein elektrophiles Substrat, meisten ein Aldehyd, Keton oder Imin, von der chiralen Brønstedsäure aktiviert. Je nach Säurestärke werden die Wechselwirkungen in der Brønstedsäure-Katalyse besser durch Wasserstoffbrückenbindungen (Abbildung 6 a + b) oder eine tatsächliche Protonierung unter Bildung eines Kontaktionenpaars (Abbildung 6 c) beschrieben.[64] Im Anschluss erfolgt dann z.B. der Angriff eines Nukleophils und der chirale Säurerest überträgt seine stereochemische Information auf das Substrat.

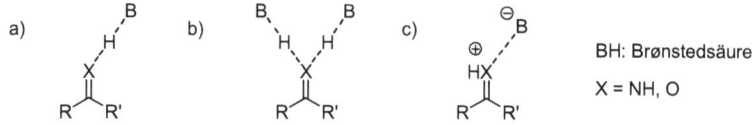

Abbildung 6: Aktivierung eines Substrats durch: a) Wasserstoffbrückenbindung; b) doppelte Wasserstoffbrückenbindung; c) Protonierung mit Kontaktionenpaar.

Zu den ersten Beispielen zählt die von *Schaus* und Mitarbeiter 2003 vorgestellte asymmetrische Morita-Baylis-Hillman-Reaktion, die von BINOL und partiell hydrierten Derivaten katalysiert wird.[65, 66] Das Konzept wurde später aber auch auf andere Transformationen wie die Mannich-Reaktion[67] oder die Diels-Alder-Reaktion[68] übertragen.

1.1.5 Chirale Phosphorsäuren in der asymmetrischen Katalyse

Akiyama und Mitarbeiter sowie *Terada* und Mitarbeiter stellten 2004 chirale von BINOL abgeleitete Phosphorsäuren als neue Organokatalysatoren vor.[69, 70] Nachfolgend wurden mit diesen Katalysatoren in einer Vielzahl von Reaktionen außerordentlich hohe Enantioselektivitäten erreicht und das Anwendungsspektrum chiraler Brønstedsäuren konnte entscheidend erweitert werden.[71, 72] BINOL-Phosphorsäuren sind azider als BINOL und haben eine Säurekonstante von ca. pK_a = 1. Die Säurestärke ist genau abgestimmt, so dass das chirale Gegenion in einem geeigneten Lösungsmittel nach der Protonierung in unmittelbarer Nähe des aktivierten Substrats verbleibt (Kontaktionenpaar, Abbildung 6 c) und die chirale Information auf das Substrat übertragen werden kann. Neben der aziden Position besitzt die Phosphorsäurefunktion zusätzlich eine Brønstedbase-Position, die es ermöglicht parallel zur Aktivierung des Elektrophils auch ein Nukleophil zu aktivieren (Abbildung 7). Die gleichzeitige Anbindung und Aktivierung von zwei Reaktionspartnern entspricht der Funktionsweise vieler Enzyme und sorgt für die hohe Reaktivität und Selektivität dieser Katalysatoren.[73, 74] Eine große Rolle spielen darüber hinaus auch die Substituenten in 3- und 3'-Position, deren elektronische und vor allem sterische Eigenschaften die Enantioselektivität in den Reaktionen entscheidend beeinflussen.

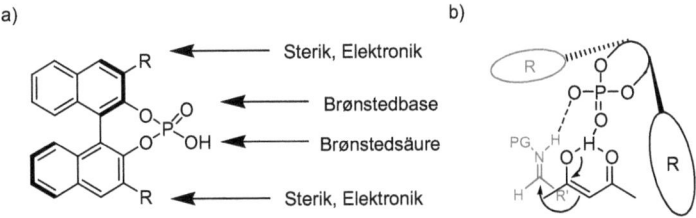

Abbildung 7: a) Eigenschaften chiraler BINOL-Phosphorsäuren; b) Enantioselektive Mannich-Reaktion.

Chirale BINOL-Phosphorsäuren wurden in vielen C-C-Bindungsknüpfungsreaktionen eingesetzt.[75-77] Eine breite Anwendung findet sich vor allem im Bereich der Aldol-artigen Reaktionen,[78-80] der Mannich-Reaktion[69, 70, 81, 82] (Abbildung 7 b) und der Friedel-Crafts-Reaktion.[83-86] Es gibt außerdem Beispiele für asymmetrische Varianten der Pictet-Spengler-Reaktion,[87, 88] der Biginelli-Reaktion[89, 90] (Schema 2 a) und der Strecker-Reaktion (Schema 2 b).[91, 92] Zu den katalysierten pericyclischen Reaktionen zählen unter anderem die Hetero-Diels-Alder-Reaktion,[93-95] 1,3-dipolare Cycloadditionen[96, 97] und verschiedene En-Reaktionen.[98, 99] Neben C-C-Verknüpfungsreaktionen wurden die chiralen Phosphorsäuren zudem für Oxidationen,[100, 101] Reduktionen bzw. Transferhydrierungen[102-104] (Schema 2 c) und enantioselektive Protonierungen[105] eingesetzt.

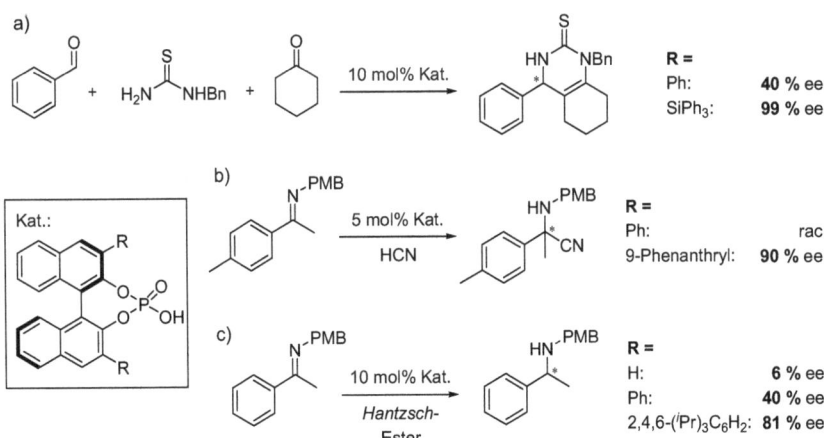

Schema 2: Abhängigkeit der Enantioselektivität vom sterischen Anspruch der Substituenten des Katalysators; a) Biginelli-Reaktion; b) Strecker-Reaktion; c) Transferhydrierung.

Die in Schema 2 abgebildeten Beispiele zeigen, dass kleine aromatische Substituenten wie Phenylgruppen nicht ausreichen, um die chirale Information im Katalysatorrückgrat effektiv auf das Substrat zu übertragen. Setzt man hingegen Katalysatoren mit sehr sperrigen Gruppen in 3- und 3'-Position werden erheblich bessere Selektivitäten erreicht.
In den oben genannten Reaktionen wurden größtenteils Imine oder Stickstoffheterocyclen als Substrate eingesetzt. Das liegt daran, dass die Säurestärke der Phosphorsäuren in der Regel nicht ausreicht, um eine Carbonylgruppe zu aktivieren. In vielen Fällen konnte deshalb mit den chiralen Phosphorsäuren ausschließlich die jeweilige Aza-Variante der Reaktionen katalysiert werden. Entscheidende Weiterentwicklungen der Katalysatoren, die ihren Anwendungsbereich vergrößerten, erfolgten durch die Derivatisierung der Phosphorsäurefunktion.[106-109] Von BINOL abgeleitete *N*-Triflylphosphorsäureamide (Schema 3 a) weisen beispielsweise eine deutlich höhere Azidität als entsprechende Phosphorsäuren auf und ermöglichen die Umsetzung von Substraten mit Carbonylfunktionen, die zuvor nicht aktiviert werden konnten. Auf diese Weise gelangen enantioselektive organokatalytische Varianten der Nazarov-Cyclisierung[110, 111], der Diels-Alder-Reaktion[109] (Schema 3 a), der Carbonyl-En-Reaktion[112] oder der Friedel-Frafts-Reaktion.[113, 114]

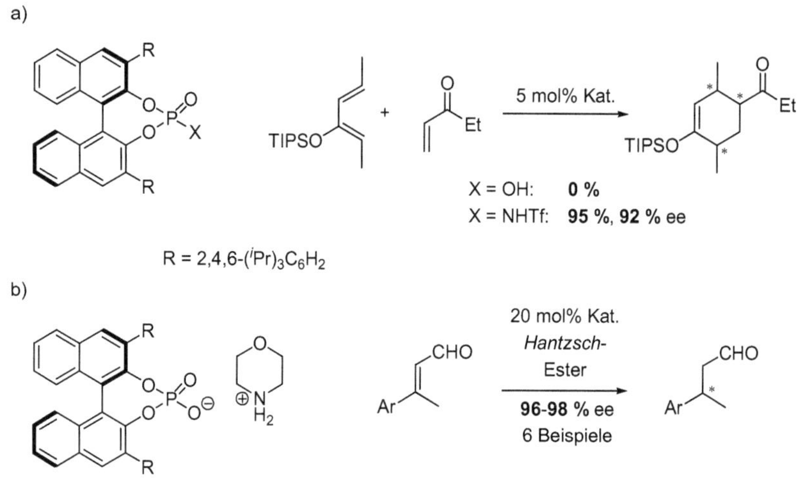
a)
R
O
P
O
X
R
TIPSO
+
O
Et
5 mol% Kat.
O
Et
TIPSO
X = OH: **0 %**
X = NHTf: **95 %, 92 % ee**
R = 2,4,6-(^{i}Pr)$_3$C$_6$H$_2$
b)
R
O
P
O
O⊖
R
O
⊕N
H$_2$
CHO
Ar
20 mol% Kat.
Hantzsch-
Ester
96-98 % ee
6 Beispiele
CHO
Ar

Schema 3: Weiterentwicklungen der chiralen Phosphorsäuren: a) Phosphorsäureamide; b) Ammoniumsalze.

Neben Derivaten der Phosphorsäure wurden auch deren Alkali- und Erdalkalisalze in der asymmetrischen Katalyse eingesetzt.[115, 116] Es konnte sogar gezeigt werden, dass der

tatsächliche Katalysator in einigen Reaktionen entgegen vorheriger Annahmen nicht die freie Phosphorsäure, sondern das entsprechende Calciumsalz ist.[117] *List* und Mitarbeiter setzten außerdem metallfreie Ammoniumsalze als asymmetrische Organokatalysatoren ein und kombinierten damit Iminiumkatalyse mit dem Einsatz chiraler Phosphorsäuren. Das zugrunde liegende ACDC-Konzept (Asymmetrische Gegenion-gesteuerte Katalyse) verallgemeinert das Konzept der Brønstedsäure-Katalyse, denn ein Substrat kann nicht nur durch ein Proton, sondern generell durch einen geeigneten Katalysator in eine kationische aktivierte Spezies überführt werden. Die Stereodifferenzierung erfolgt weiterhin durch das chirale Anion. Erfolgreiche Anwendung fanden die Ammoniumsalze chiraler Phosphorsäuren in der asymmetrischen Epoxidierung[118, 119] und Transferhydrierung[120-122] von α,β-ungesättigten Aldehyden und Ketonen (Schema 3 b) sowie in der Diels-Alder-Reaktion.[123]
Der Anwendungsbereich der chiralen BINOL-Phosphorsäuren und deren Modifikationen deckt mittlerweile eine enorme Bandbreite an Reaktionen ab. Das einheitliche Aktivierungsschema einer protonierten bzw. kationischen Spezies ermöglichte zudem Kaskaden- bzw. Multikomponentenreaktionen, bei denen in einem Syntheseschritt mehrere Bindungen und Stereozentren gleichzeitig und hochselektiv aufgebaut werden konnten.[76] Komplettiert wird die Vielseitigkeit der Katalysatorklasse durch zahlreiche Beispiele, in denen die Brønstedsäuren in Kombination mit Übergangsmetallen eingesetzt wurden.[124] In Kontrast zur Fülle an Beispielen homogen katalysierter Reaktionen stehen jedoch bis heute die wenigen Versuche heterogene Varianten dieser Brønstedsäuren zu entwickeln.

1.1.6 Heterogene chirale Phosphorsäuren

Chirale BINOL-Phosphorsäuren werden im Gegensatz zu Prolin oder anderen leicht zugänglichen Organokatalysatoren über aufwendige mehrstufige Synthesen hergestellt. Sie sind zwar sehr stabil, können aber meist nur durch unökonomische chromatographische Verfahren zurückgewonnen werden. Da außerdem in vielen Reaktionen eine hohe Katalysatorbeladung von bis zu 20 mol% benötigt wird (Schema 3 b), ist die Entwicklung von heterogenen Varianten, die eine einfache Separation und Wiederverwendbarkeit ermöglichen, ein erstrebenswertes Ziel.[125, 126] 2008 berichteten *Beller* und Mitarbeiter von ersten Versuchen eine BINOL-Phosphorsäure zu immobilisieren.[127] Sie polymerisierten die Styrol-substituierte Phosphorsäure **A** zusammen mit Polyvinylalkohol (PVA) durch eine Radikalreaktion (Schema 4 a). Poly-**A** zeigte jedoch eine sehr kleine spezifische Oberfläche von weniger als 4 m² g⁻¹ und war bereits in achiralen Testreaktionen im Gegensatz zu einem einfachen Säurekatalysator (Amberlyst-36) katalytisch inaktiv.[128] *Rueping* und Mitarbeiter verwendeten 2010 eine ähnliche Phosphorsäure **B**, die kein partiell hydriertes Rückgrat aufwies und setzten bei der radikalischen Polymerisation Styrol und Divinylbenzol (DVB) zu (Schema 4 a).[129] Poly-**B** wurde nicht charakterisiert, zeigte aber katalytische Aktivität in der Transferhydrierung eines Chinolin-Derivats (Schema 4 b). Sowohl mit dem Monomer als auch mit dem Polymer wurden Enantiomerenüberschüsse zwischen 60 und 66 % erreicht.

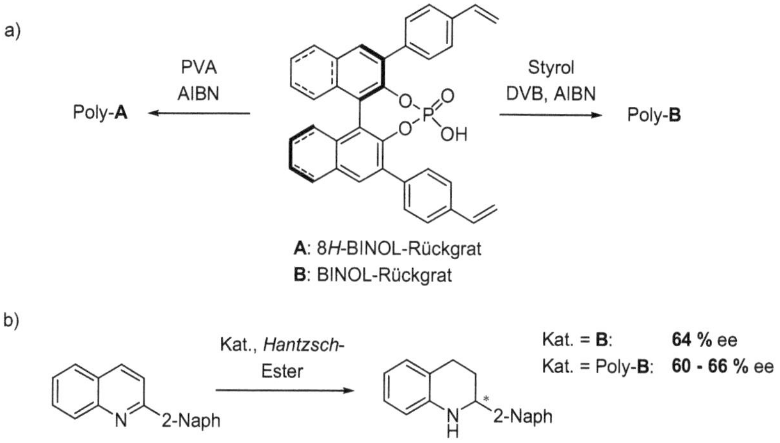

Schema 4: a) Synthese heterogener BINOL-Phosphorsäuren über radikalische Polymerisation; b) Erste erfolgreiche Katalyse mit einer heterogenen chiralen Phosphorsäure.

Um die Selektivität zu steigern, wurden 9-Phenanthryl-Substituenten in 3- und 3'-Position eingeführt und die Immobilisierung erfolgte über zusätzliche Substituenten in 6,6'-Position (Schema 5 a).[129] Bei der Transferhydrierung eines Benzoxazin-Derivats wurden anschließend mit dem Monomer **C** und mit dem entsprechenden Polymer Poly-**C** sehr gute Selektivitäten von 96 % bzw. 94 % ee erreicht (Schema 5 b). Der Nachteil der polymeren Phosphorsäure Poly-**C** liegt allerdings in ihrer sehr aufwendigen zehnstufigen Synthese.

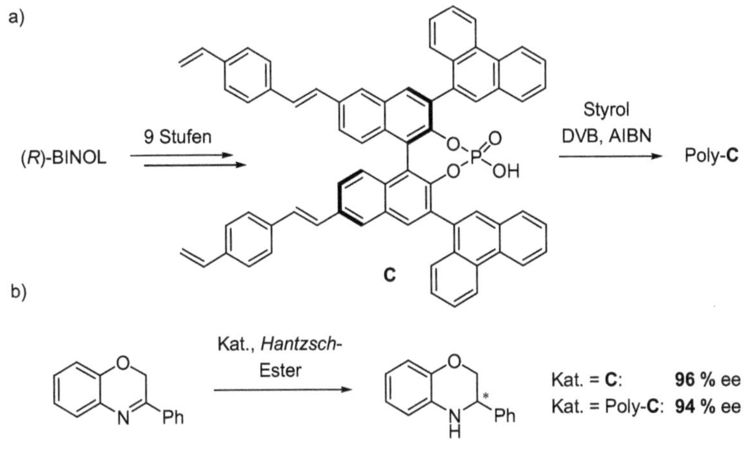

a)

(R)-BINOL $\xrightarrow{\text{9 Stufen}}$ C $\xrightarrow{\text{Styrol, DVB, AIBN}}$ Poly-C

b)

[Benzoxazin-Struktur mit N=Ph] $\xrightarrow{\text{Kat., Hantzsch-Ester}}$ [Benzoxazin-Struktur mit NH-Ph]

Kat. = C: 96 % ee
Kat. = Poly-C: 94 % ee

Schema 5: a) Polymerisation über Substituenten im BINOL-Rückgrat; b) Heterogene enantioselektive Transferhydrierung

Die in Schema 4 und Schema 5 gezeigten polymeren Brønstedsäuren wurden während der Anfertigung der vorliegenden Arbeit veröffentlicht. Darüber hinaus sind keine weiteren Beispiele für eine Immobilisierung chiraler BINOL-Phosphorsäuren bekannt.

1.2 Zielsetzung und Konzept

Im Rahmen der vorliegenden Arbeit sollten chirale Polymere mit intrinsischer Mikroporosität aus enantiomerenreinen und katalytisch aktiven Monomeren hergestellt werden. Auf diesem Weg sollten neue heterogene asymmetrische Katalysatoren mit großen spezifischen Oberflächen und hoher Aktivität entstehen, die im Unterschied zur „Grafting"-Methode anteilig oder vollständig aus katalytisch aktiven Einheiten aufgebaut sind. Die Grundstruktur der Monomere musste so gewählt werden, dass sie neben ihrer Funktion als Katalysator auch strukturgebende Eigenschaften besitzt, um bei der Polymerisation den Aufbau von Porosität zu gewährleisten. Auf Grund der rein organischen Struktur der Materialien sollte der Schwerpunkt im Bereich der asymmetrischen Organokatalyse liegen.
Die in Kapitel 1.1.2 vorgestellten Beispiele zeigen, dass das 1,1'-Binaphthyl-Gerüst neben seiner Funktion als Chiralitätsquelle in der Katalyse auch die strukturellen Voraussetzungen für den Aufbau von intrinsischer Mikroporosität erfüllt. Die funktionellen Gruppen der

eingesetzten Binaphthyl-Monomere wurden jedoch in den veröffentlichten Beispielen für die Verknüpfung der Monomere verwendet und standen in den Polymeren nicht mehr für eine katalytische Anwendung zur Verfügung (Kapitel 1.1.2, Abbildung 3 b).[30, 31] Außerdem waren die BINOL-Polymere mit intrinsischer Porosität auf Grund ihrer linearen Struktur in vielen organischen Lösungsmitteln löslich und daher nur bedingt als heterogene Katalysatoren geeignet. Der Versuch von *Cooper* und Mitarbeitern BINOL über zusätzliche 6,6'-Dibrom-Substituenten und unter Erhalt der freien Phenolgruppen zu polymerisieren, ergab lediglich ein Netzwerk mit einer geringen spezifischen Oberfläche von 3 m^2 g^{-1}.[130]

Auf Grund der oben beschriebenen Eigenschaften, wurde in dieser Arbeit das 1,1'-Binaphthyl-Gerüst als Basis für die Darstellung von polymerisierbaren Organokatalysatoren und Liganden gewählt. Geplant wurde sowohl die Polymerisation von BINOL-Derivaten als auch die Polymerisation entsprechender Phosphorsäurederivate. Das Beispiel in Abbildung 3 b zeigt, dass eine Verknüpfung der BINOL-Monomere über die 2,2'- oder 3,3'-Positionen erfolgsversprechend für den Aufbau von Mikroporosität ist. Eine Verknüpfung der Monomere über zusätzliche polymerisierbare Substituenten in 3,3'-Position sollte die Phenol- bzw. Phosphorsäurefunktionen erhalten, so dass nach der Polymerisation eine katalytische Anwendung möglich ist. Entscheidend für die Wahl der 3,3'-Substitution war darüber hinaus das Substitutionsmuster von bekannten homogenen Katalysatoren (Kapitel 1.1.5, Schema 2). Die Substitution dieser Positionen ist ein weit verbreitetes Motiv in der BINOL- und vor allem in der BINOL-Phosphorsäure-Katalyse, da sich ein erhöhter sterischer Anspruch in der Nähe des aktiven Zentrums in vielen Fällen positiv auf die Selektivität der katalysierten Reaktion auswirkt.[66, 72] Ersetzt man die kleinen Phenylgruppen des homogenen Katalysators **D** durch sperrige Aromaten, werden vielfach deutlich bessere Enantioselektivitäten erreicht (Abbildung 8 a). In der vorliegenden Arbeit sollte dieser Effekt durch die Polymerisation geeigneter Substituenten in 3,3'-Position imitiert werden. Grundlage des Konzepts ist der Austausch der Phenylgruppen in **D** gegen polymerisierbare Substituenten in unmittelbarer Nähe zum aktiven Zentrum. Auf diese Weise sollte durch die anschließende Polymerisation nicht nur die Immobilisierung der monomeren Katalysatoren erreicht, sondern auch deren Selektivität verbessert werden (Abbildung 8 b).

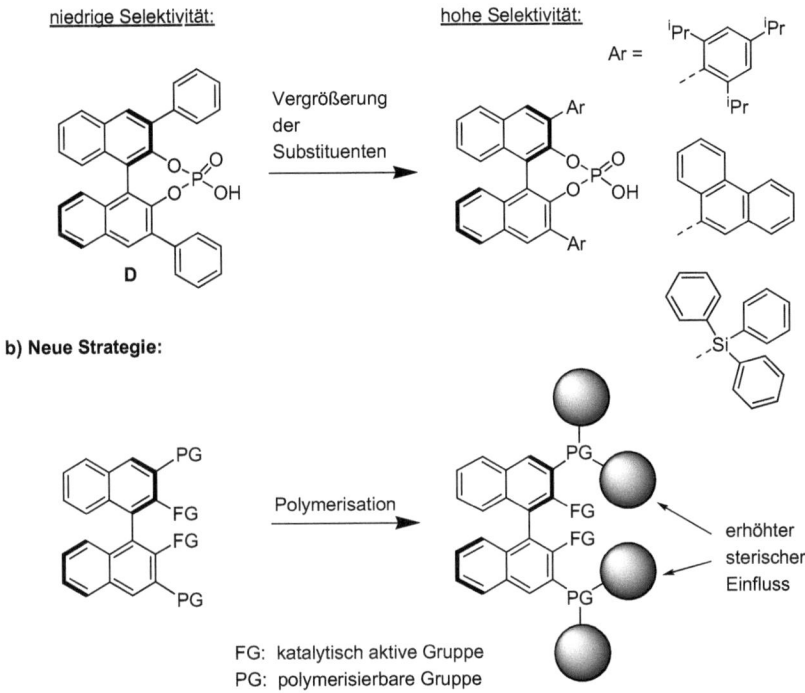

Abbildung 8: a) Steigerung der Enantioselektivität homogener Katalysatoren; b) Konzeption der Monomer-Struktur für eine neue Strategie zur Steigerung der Enantioselektivität.

Die Beladung eines Polymers mit aktiven Zentren ist maximal, wenn es vollständig aus katalytisch aktiven Einheiten besteht. Damit die monomeren Katalysatoren auch ohne ein zweites Tekton (Crosslinker) polymerisiert werden können, mussten die Moleküle so funktionalisiert werden, dass sie mit sich selbst reagieren können. Als Polymerisationsreaktion wurden deshalb die oxidative Kupplung von Thiophenen (Schema 6 a) und die Trimerisierung von Nitrilen zu Triazinen (Schema 6 b) gewählt. Beide Methoden benötigen nur eine Art von funktioneller Gruppe in den Monomeren und wurden bereits erfolgreich in der Synthese von mikroporösen organischen Polymeren eingesetzt.[24, 25, 38]

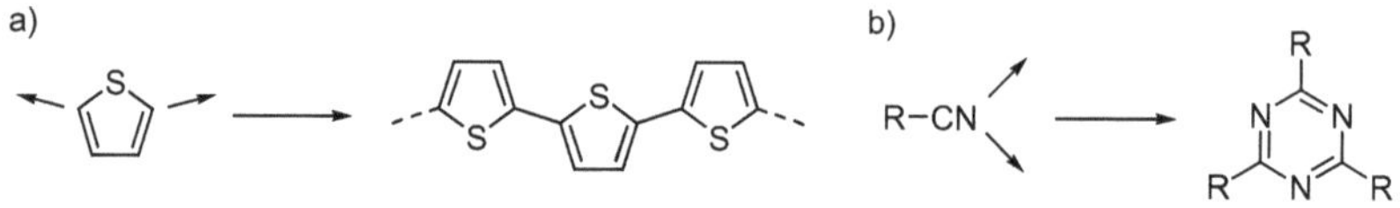

Schema 6: Ausgewählte Verknüpfungsreaktionen für die Synthese der geplanten Polymere: a) Oxidative Kupplung von Thiophenen; b) Trimerisierung von Nitrilen.

Darüber hinaus bietet sowohl ein Nitril- als auch ein Thienyl-Substituent jeweils zwei Verknüpfungspunkte und man erhält bei einer zweifachen Substitution in 3- und 3'-Position insgesamt vier Verknüpfungspunkte pro Monomer. Bei der Polymerisation kann dadurch eine Quervernetzung erfolgen, die entscheidend für die Ausbildung von unlöslichen Netzwerkstrukturen ist. Entsprechend gestaltete Monomere sollten somit die Synthese von heterogenen Katalysatoren ermöglichen, die unabhängig vom verwendeten Lösungsmittel nach abgeschlossener Reaktion durch einfache Filtration abgetrennt werden können.

1.3 Synthese der Monomere

Die Synthese der Monomere erfolgte ausgehend von enantiomerenreinem (R)-(+)-1,1'-Bi-2-naphthol (R-BINOL). Um eine Funktionalisierung des BINOL-Gerüsts in 3- und 3'-Position zu erreichen, wurde auf das Konzept der *ortho*-Metallierung nach *Snieckus* zurückgegriffen.[131] Zu diesem Zweck wurden die *ortho*-dirigierenden Methyl- bzw. Methoxymethyl-Schutzgruppen eingeführt (Schema 7). Nachfolgend konnten die BINOL-Derivate **2** und **3** mit *n*-Butyllithium selektiv in der 3- und 3'-Position deprotoniert und mit verschiedenen Elektrophilen umgesetzt werden.

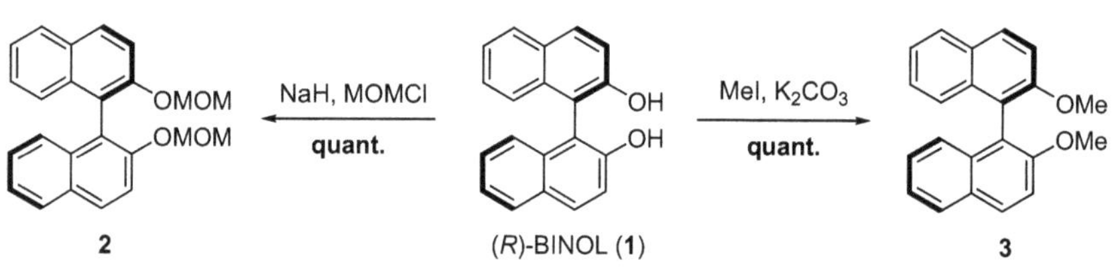

Schema 7: Einführung von *ortho*-dirigierenden Schutzgruppen.

1.3.1 Synthese der Thiophen-Monomere

Die für die Polymerisation benötigten Thienyl-Substituenten sollten in den ersten Monomeren direkt mit dem BINOL-Gerüst verknüpft werden. Entsprechend dem in Kapitel 1.2 dargestellten Konzept befinden sich die Verknüpfungsstellen zum Polymer dann möglichst dicht an den funktionellen Gruppen des BINOLs, so dass sich der sterische Anspruch durch die Polymerisation erhöhen sollte. Außerdem führen möglichst kurze und starre Monomere zu den größten Oberflächen in einem Polymer mit intrinsischer Mikroporosität.[33, 39] Für eine Funktionalisierung wurde die Verbindung **3** deprotoniert und mit Trimethylborat umgesetzt. Die nachfolgende Hydrolyse lieferte die Diboronsäure **4** als Kupplungspartner für eine Suzuki-Reaktion (Schema 8). Die Darstellung des BINOL-Derivats **5** erfolgte anschließend über die Kreuz-Kupplung der Diboronsäure **4** mit 3-Bromthiophen in 70 % Ausbeute.

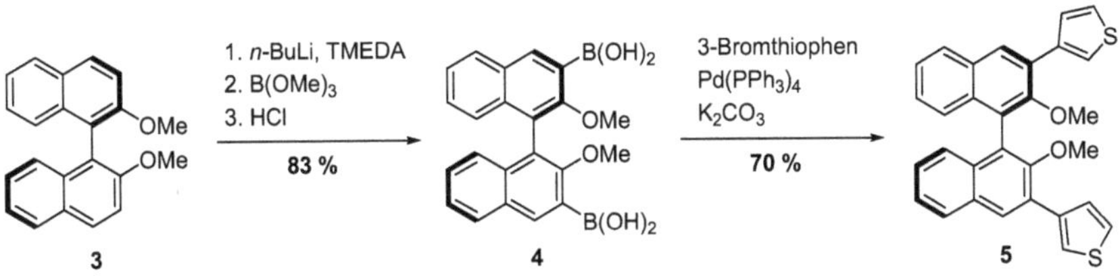

Schema 8: Einführung der Thiophensubstituenten in 3- und 3'-Position.

Die nachfolgende Entschützung der Methylether mit Bortribromid führte allerdings selbst bei tiefen Temperaturen zur Zersetzung des Substrats **5** (Tabelle 1, Einträge 1-3). Die schwächere Lewissäure Bortrichlorid lieferte neben verschiedenen Nebenprodukten Anteile des gewünschten Produkts. Bei der Verwendung von Aluminiumtrichlorid hingegen wurde das Startmaterial zurückerhalten. Auch die alternativen Entschützungsversuche mit Natriumthioethanolat als sehr gutem Schwefel-Nukleophil lieferten selbst bei hohen Temperaturen keinen Umsatz (Einträge 6-7). Da die Lewissäure-Aktivität des Aluminiumtrichlorids das Molekül nicht zersetzt hatte, wurde es in Kombination mit Thioethanol eingesetzt. Das Zusammenspiel beider Reagenzien lieferte bei 0 °C in 2 h das gewünschte Produkt ohne die Bildung von Nebenprodukten (Eintrag 8). Die isolierte Ausbeute lag bei 70 %. In dieser Reaktion konnte das Substrat mit Aluminiumtrichlorid zunächst zersetzungsfrei aktiviert werden und Thioethanol war anschließend nukleophil genug, um die aktivierte Etherbindung zu spalten.

Tabelle 1: Versuche zur Entschützung der Methylgruppen im Substrat 5.

	Reagenz	T [°C]	Zeit [h]	Ergebnis
1	BBr$_3$	25	15	Zersetzung des Substrats
2	BBr$_3$	0	5	Zersetzung des Substrats
3	BBr$_3$	-78	6	Geringe Mengen Produkt, viele Nebenprodukte
4	BCl$_3$	0	2	Geringe Mengen Produkt, viele Nebenprodukte
5	AlCl$_3$	0	7	Kein Umsatz
6	NaSEt	100	20	Kein Umsatz
7	NaSEt	140	24	Kein Umsatz
8	AlCl$_3$ + EtSH	0	2	70 % isolierte Ausbeute

Nachfolgend wurde die Verbindung 6 zur Monophosphorsäure 7 umgesetzt (Schema 9). Die Reaktion mit Phosphoroxychlorid in Pyridin mit anschließender saurer Hydrolyse lieferte das Produkt 7 in einer Ausbeute von 69 % und einer Gesamtausbeute von 28 % über fünf Stufen. Zusammenfassend eröffnete die Syntheseroute einen Zugang zu drei verschiedenen Monomeren, da alle in Schema 9 gezeigten Verbindungen unter oxidativen Bedingungen polymerisiert werden können.

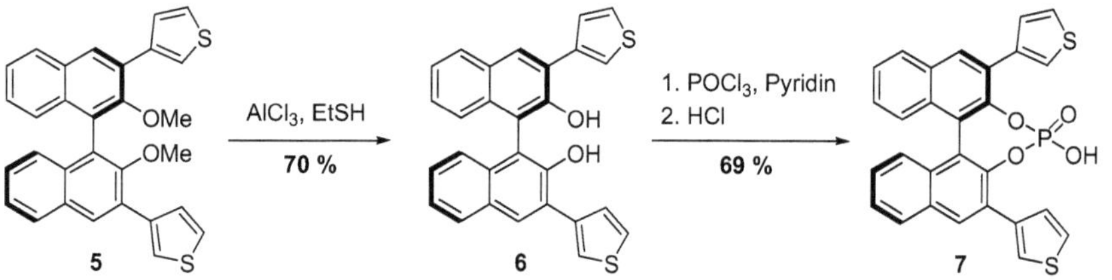

Schema 9: Synthese der Thienyl-substituierten BINOL-Monomere 6 und 7.

Um später die Auswirkung der Monomerstruktur vergleichend untersuchen zu können, sollten analog zu den in Schema 9 gezeigten Strukturen die entsprechenden 2-Thienyl-substituierten BINOL-Derivate hergestellt werden. In den zuvor dargestellten Verbindungen bieten die zwei 3-Thienyl-Substituenten vier Verknüpfungspunkte für die Polymerisation, während eine entsprechende 2-Thienyl-Substitution nur zwei Verknüpfungspunkte liefern würde. Über eine Copolymerisation mit einem geeigneten Crosslinker könnte aber z.B. auch ausgehend von den Verbindungen 8 und 9 eine vernetzte Struktur erhalten werden (Schema 10).

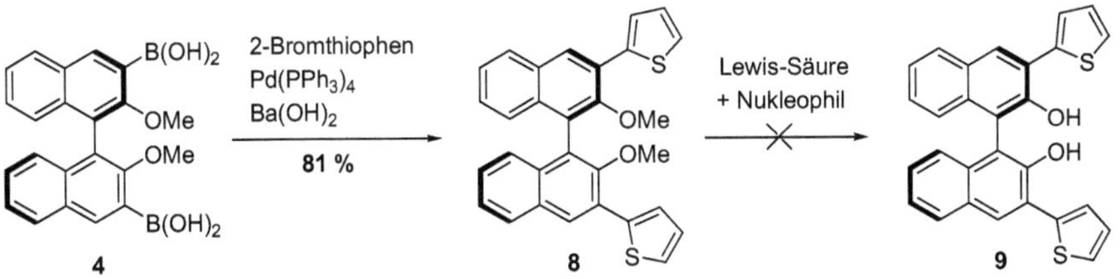

Schema 10: Versuche zur Darstellung eines weiteren Monomers mit zwei Verknüpfungspunkten.

Ausgehend von der Diboronsäure **4** lieferte die Suzuki-Kupplung mit 2-Bromthiophen das Produkt **8** in 81 % Ausbeute. Diese Verbindung zersetzte sich allerdings wie auch die Verbindung **5** bei Entschützungsversuchen mit Bortrichlorid. Eine Übertragung der Entschützungsbedingungen von **5** auf die Verbindung **8** lieferte trotz weiterer Optimierungen ebenfalls keinen Umsatz zum gewünschten Produkt. Der Grund könnte der geringe Abstand des Schwefelatoms zur Methoxygruppe und eine daraus resultierende Wechselwirkung mit den eingesetzten Lewissäuren sein.

Wadgaonkar und Mitarbeiter beschrieben 1999 eine Methylether-Entschützung mit Pyridinhydrochlorid unter Mikrowellenbestrahlung.[132] Die Verwendung dieses Protokolls führte in den ersten Versuchen zu einer sauberen und vollständigen Entschützung des Substrats **8**. Das Produkt **9** konnte in einer Ausbeute von 98 % erhalten werden (Schema 11). Nachfolgend war die Methode allerdings schlecht reproduzierbar und in größeren Ansätzen kam es zunehmend zur Bildung von Nebenprodukten. Die inkonstanten Ergebnisse der Reaktionen konnten durch Variation der Reaktionsbedingungen nicht mit dem Wassergehalt bzw. der Qualität des eingesetzten Pyridinhydrochlorids korreliert werden. Darüber hinaus stellte sich zu einem späteren Zeitpunkt heraus, dass die Bestrahlung in der Mikrowelle zur Racemisierung des Produkts geführt hatte (Schema 11). Sowohl eine Erniedrigung der Temperatur von 160 °C auf 120 °C als auch die Reduzierung der Strahlungsintensität konnte nicht verhindern, dass die stereochemische Information innerhalb von wenigen Minuten Reaktionszeit vollständig verloren ging. Da bei 120 °C bereits kein vollständiger Umsatz mehr erreicht wurde, konnte diese Methode nicht weiter optimiert werden.

Die Mikrowellen-induzierte Racemisierung des BINOL-Derivates **11** konnte im Folgenden für die Herstellung einer racemischen Probe des BINOL-Derivats **6** genutzt werden. Der Zugang zu einem racemischen Monomer ermöglichte später den Vergleich eines enantiomerenreinen Polymers mit der entsprechend racemischen Variante (*Kapitel 1.4.1*). Da unter anderem *Giernoth* und Mitarbeiter eine Mikrowellen-gestützte Synthese von BINOL-Derivaten beschrieben, bei der unter deutlich drastischeren Bedingungen keine Racemisierung auftrat, müssen die speziellen hier verwendeten Reaktionsbedingungen bzw. Substratstrukturen verantwortlich für den Verlust der Stereoinformation sein.[133] Eine Verallgemeinerung auf andere BINOL-Derivate ist offensichtlich nicht ohne Weiteres möglich.

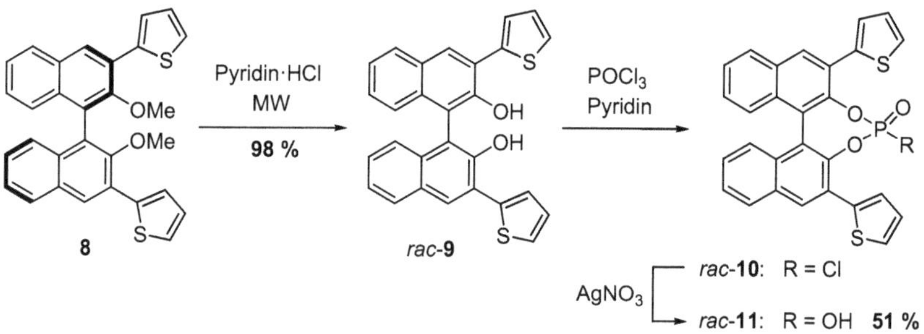

Schema 11: Darstellung der racemischen Phosphorsäure 11.

Um Polymerisationsversuche mit einer 2-Thienyl-substituierten BINOL-Phosphorsäure durchführen zu können, sollte die racemische Verbindung **9** weiter zur Phosphorsäure umgesetzt werden. Die Reaktion mit Phosphoroxychlorid lieferte in einigen Ansätzen jedoch nicht nur die Phosphorsäure **11** sondern auch das relativ stabile Phosphorsäurechlorid **10** (Schema 11). Diese Verbindung wurde mit 3 M HCl in THF bei 60 °C oft nur teilweise hydrolysiert. Durch die Verwendung von Silbernitrat in THF und H_2O bei 60 °C konnte der Umsatz der Hydrolyse vervollständigt werden. Die freie Phosphorsäure **11** wurde in einer isolierten Ausbeute von 51 % und in einer Gesamtausbeute von 33 % über fünf Stufen erhalten.

Da die Verbindung **9** über die Entschützung von **8** nur racemisch zugänglich war, wurden alternative Syntheserouten untersucht. Der Versuch die Diboronsäure **4** bereits vor der Kupplung zu entschützen, lieferte ein in allen gängigen Lösungsmitteln unlösliches Rohprodukt, das nicht gereinigt oder charakterisiert werden konnte. Das Rohprodukt wurde dennoch unter verschiedenen Reaktionsbedingungen direkt in einer Suzuki-Reaktion mit

2-Bromthiophen umgesetzt. Das gewünschte BINOL-Derivat **9** konnte allerdings nicht isoliert werden. Da der Methylether **8** nicht entschützt werden konnten, sollten leichter abspaltbare Schutzgruppen getestet werden. Zu diesem Zweck wurde das Methoxymethyl-geschütze BINOL (**2**) sowie das Acetal **12** hergestellt (Schema 12). Beide Schutzgruppen sind vom Acetal-Typ und sollten unter deutlich milderen Bedingungen abspaltbar sein. Allerdings konnte im Anschluss weder **2** noch **12** zur entsprechenden Diboronsäure **13** bzw. **14** umgesetzt werden. Die Umsetzung zum Dipinacolborat **15** gelang hingegen in einer akzeptablen Ausbeute von 63 %. Die Verbindung **15** konnte jedoch im Anschluss nicht mit 2-Bromthiophen zum gewünschten 2-Thienyl-substituierten BINOL-Derivat **16** umgesetzt werden (Schema 12).

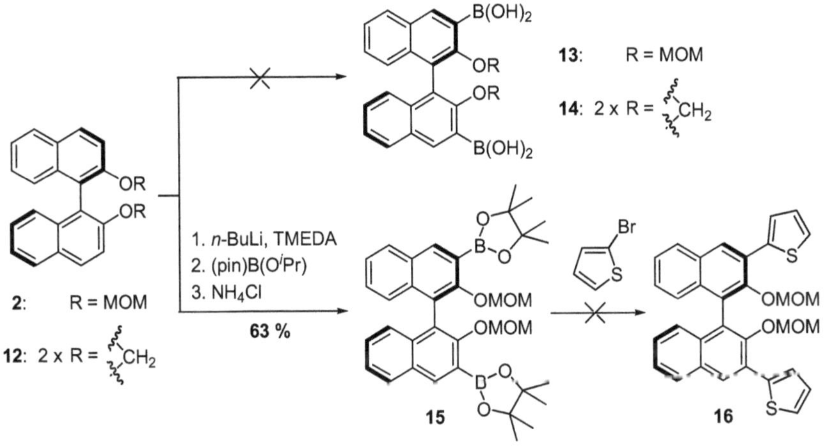

Schema 12: Darstellung von alternativen Boronsäure-Derivaten für weitere Kupplungsversuche.

Eine Alternative zu den zuvor getesteten Synthesewegen ist die Verwendung von invers funktionalisierten Kupplungspartnern. Ausgehend von Methoxymethyl-geschütztem BINOL (**2**) wurde das Testsubstrat **17** hergestellt (Schema 13). Da die Suzuki-Reaktion theoretisch freie Phenol-Funktionen toleriert, wurde zudem das entschützte BINOL-Derivat **18** als zweites Testsubstrat synthetisiert. Eine Entschützung nach der Kupplung der Thiophengruppen würde bei diesem Substrat gänzlich entfallen.

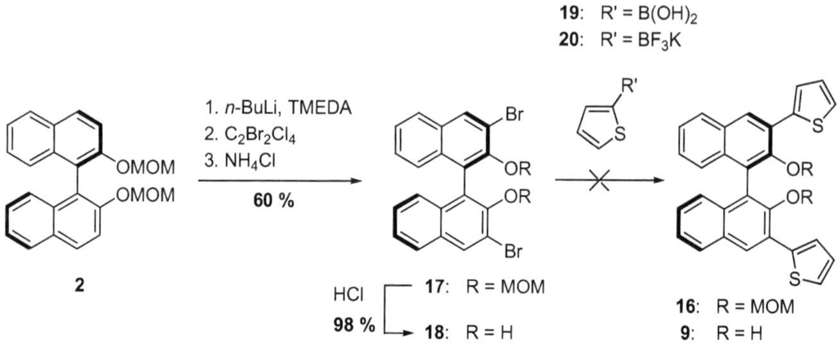

Schema 13: Weitere Kupplungsversuche mit invers funktionalisierten Kupplungspartnern.

Zunächst wurde versucht, unter Verwendung von 2-Thiophenboronsäure (**19**) als Kupplungspartner eine Umsetzung zu den Produkten **16** bzw. **9** zu erreichen. Abhängig vom eingesetzten Palladium-Katalysator und den Reaktionsbedingungen wurden entweder das Substrat oder entsprechende dehalogenierte Verbindungen isoliert. In einigen Testreaktionen konnte in Spuren das Produkt oder das monogekuppelte Produkt nachgewiesen werden. Auch der Einsatz von Mikrowellenbestrahlung führte nicht zum gewünschten Erfolg. Heterocyclische Boronsäuren, in denen sich die Säurefunktion neben einem Heteroatom befindet, können meist nicht direkt in einer Suzuki-Reaktion eingesetzt werden, da sie sich sehr leicht unter Protodeboronierung zersetzten.[134] *Molander* und Mitarbeiter zeigten, dass alternativ die entsprechenden Kaliumtetrafluoroborate eingesetzt werden können.[135] Die Boronsäure wird *in situ* freigesetzt und kann direkt weiterreagieren. In Reaktionen mit Kaliumtetrafluoroborat **20** und verschiedenen Palladiumkatalysatoren konnte aber weder beim geschützten Substrat **17** noch beim freien BINOL **18** eine Umsetzung zum jeweiligen Produkt erreicht werden.

Bei den späteren Polymerisationsversuchen (Kapitel 1.4.1) stellte sich heraus, dass die zuvor hergestellte Phosphorsäure **7** nicht ausreichend in den verwendbaren Lösungsmitteln löslich war. Das zufällig isolierte Phosphorsäurechlorid **10** zeigte hingegen eine sehr gute Löslichkeit (Schema 11). Da eine Hydrolyse zur freien Phosphorsäure auch nach der Polymerisation durchgeführt werden könnte, sollte das Phosphorsäurechlorid **21** als Alternative zum Monomer **7** hergestellt werden (Schema 14). Das Phosphorsäurechlorid **21** erwies sich allerdings im Gegensatz zu **10** als stark hydrolyseempfindliche Verbindung. Die wässrige Aufarbeitung der Reaktionslösung bei einem pH-Wert von 5 führte bereits vollständig zur

Bildung der freien Säure. In der Literatur wurde die säulenchromatographische Reinigung des unsubstituierten BINOL-Phosphorsäurechlorids beschrieben.[136] Daher wurde in weiteren Tests zunächst überschüssiges Pyridin ohne wässrige Aufarbeitung destillativ entfernt. Die Abtrennung des bei der Reaktion entstandenen Pyridinhydrochlorids durch anschließende Säulenchromatographie lieferte das Phosphorsäurechlorid allerdings nur in Ausbeuten von maximal 20 %. Die Verwendung von anorganischen Basen, wie K_2CO_3 oder K_3PO_4, die nach der Reaktion evtl. durch Filtration abtrennbar wären, führte nur zu geringen Umsätzen und der Bildung von Nebenprodukten. Durch den Einsatz von Poly(4-vinylpyridin) als heterogener organischer Base in DCM gelang schließlich die Separierung des gewünschten Produkts durch einfache Filtration (Schema 14). Das Pyridin-freie Phosphorsäurechlorid **21** wurde nach quantitativem Umsatz als Rohprodukts erhalten und konnte ohne weitere Reinigung in den nachfolgenden Polymerisationsversuchen eingesetzt werden.

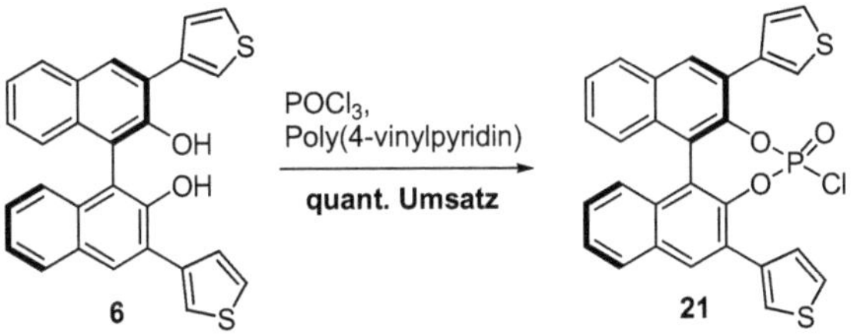

Schema 14: Darstellung des Phosphorsäurechlorid Monomers **21**.

In den oben beschriebenen Verbindungen sind die Thiophengruppen direkt an den BINOL-Grundkörper gebunden. Das Schwefelatom, welches unter anderem koordinierende Eigenschaften besitzt, befindet sich dadurch sehr nahe am katalytisch aktiven Zentrum. Dass hier ein Einfluss auftreten kann, zeigen bereits die beschriebenen Probleme, die benachbarten Methylgruppen zu entschützen (Tabelle 1). Für vergleichende Experimente sollten Monomere hergestellt werden, bei denen zwischen Thiophen und BINOL ein weiterer aromatischer Ring eingeschoben ist (Schema 15). Der Vergleich der monomeren Katalysatoren **6** und **24** sowie **7** und **25** (Schema 16) sollte anschließend Aufschluss darüber geben, wie die Aktivität und Enantioselektivität der Katalysatoren durch die Entfernung der Thiophenringe zu den Phenolfunktionen bzw. Phosphorsäurefunktionen beeinflusst wird. Nach der Polymerisation sollte sich außerdem zeigen, inwieweit dieser Abstand eine Rolle beim Einfluss der Polymerisation auf die katalytischen Eigenschaften spielt. Bei den in Schema 16 gezeigten

Verbindungen findet die Polymerisation bzw. die Verknüpfung zum Polymer in größerer Entfernung zum katalytisch aktiven Zentrum statt. Die monomere und polymere Form von **24** bzw. **25** sollten sich daher in ihrer Selektivität weniger stark voneinander unterscheiden als bei den Verbindungen **6** und **7**.

Neben den katalytischen Eigenschaften sollten sich auch die Materialeigenschaften der Strukturen unterscheiden. Die Verbindungen in Schema 16 sind noch sperriger als die zuvor synthetisierten Monomere und es sollte überprüft werden, welchen Einfluss die verlängerten Substituenten auf die Porosität der entsprechenden Polymere haben.

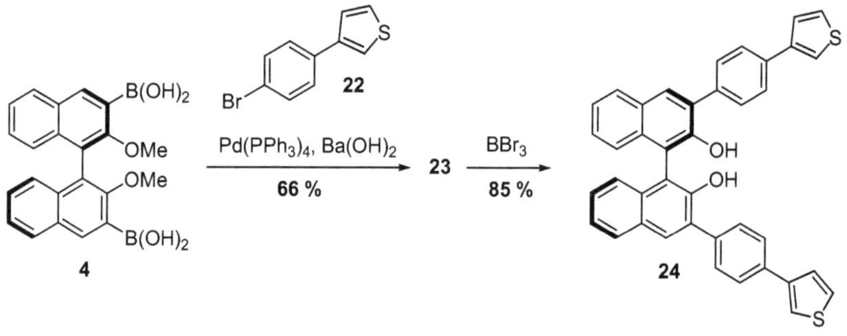

Schema 15: Synthese des alternativen Monomers **24**.

Die Darstellung von (*R*)-4-(2-Thienyl)-1-brombenzol (**22**) gelang wie auch die anschließende Kupplung mit dem BINOL-Gerüst durch Suzuki-Reaktionen in guten Ausbeuten (Schema 15). Die Spaltung der Methoxygruppen gelang im Gegensatz zur Entschützung der Verbindungen **5** und **8** unter Verwendung von Bortribromid und lieferte das BINOL-Monomer **24**. Hier zeigte sich bereits erstmals der Effekt des größeren Abstands der Thiophengruppen. Die Umsetzung mit Phosphoroxychlorid lieferte die Phosphorsäure **25** (Schema 16) und die Gesamtausbeute über fünf Stufen lag bei 34 %. Da **25** ebenso schlecht löslich war wie die Phosphorsäure **7**, wurde auch hier das entsprechende Phosphorsäurechlorid synthetisiert. Die in Schema 14 gezeigten Bedingungen konnten im Folgenden auf das Substrat **24** übertragen werden und es gelang die Darstellung des Phosphorsäurechlorids **26** bei quantitativem Umsatz als Rohprodukt.

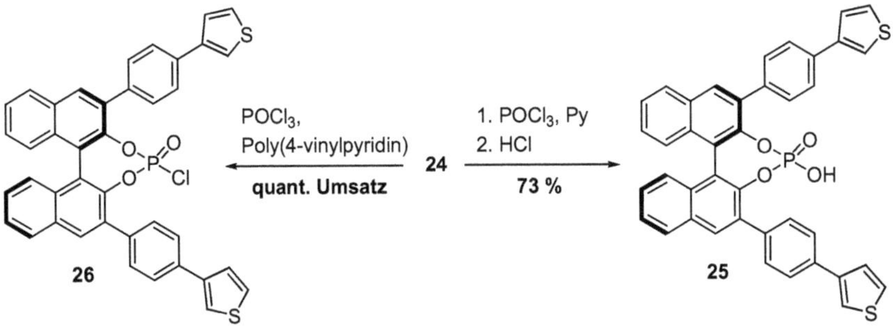

Schema 16: Synthese der Phosphorsäurederivate des Monomers **24**.

1.3.2 Synthese der Nitril-Monomere

Neben der oxidativen Kupplung von Thienyl-substituierten BINOL-Derivaten, sollte die Trimerisierung von Cyanofunktionen als mögliche Polymerisationsmethode untersucht werden. Als geeignete Monomere sollten 3,3'-Dicyano-BINOL (**30**) und die entsprechende Phosphorsäure **31** hergestellt werden. Eine Einführung von Cyanogruppen ausgehend von Arylbromiden wurde 2007 von *Beller* und Mitarbeitern beschrieben.[137] Die Verwendung von preiswerten Kupferkatalysatoren und Kaliumhexacyanoferrat(II) stellt eine attraktive, nicht toxische Methode dar. Als Ausgangsmaterialien wurden die geschützten 3,3'-Dibrom-BINOL-Derivate **16** und **27** hergestellt (Schema 17).

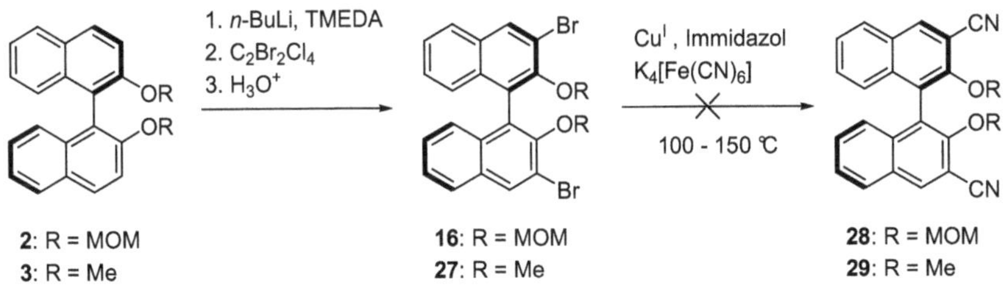

Schema 17: Versuche zur Synthese von Cyano-substituierten BINOL-Derivaten.

Da bei hohen Temperaturen zunehmend mit einer Racemisierung des Binaphthyl-Gerüsts zu rechnen ist, wurden lediglich Temperaturen von maximal 150 °C eingesetzt.[138] Der Einsatz von Kupfer(I)iodid und verschiedenen Imidazolderivaten als Liganden führte nicht zur Umsetzung zum gewünschten Produkt (Schema 17). Als Alternative zur oben beschriebenen Methode wurde die Verwendung von Tosylcyanid untersucht. Dieses Reagenz stellt einen elektrophilen Cyanobaustein zur Verfügung, der mit metallierten Aromaten umgesetzt werden kann.[139] Die *ortho*-Lithiierung von Methoxymethyl-geschütztem BINOL lieferte das entsprechende Dianion, das mit Tosylcyanid zum gewünschten Produkt **28** umgesetzt werden konnte (Schema 18). Die Entschützung erfolgte im sauren Milieu und das Produkt **30** wurde in einer Gesamtausbeute von 53 % über drei Stufen erhalten. Die Verwendung der Methylschutzgruppe für die Synthese war ebenfalls möglich, führte aber über die analoge Synthesesequenz insgesamt zu einer schlechteren Ausbeute.

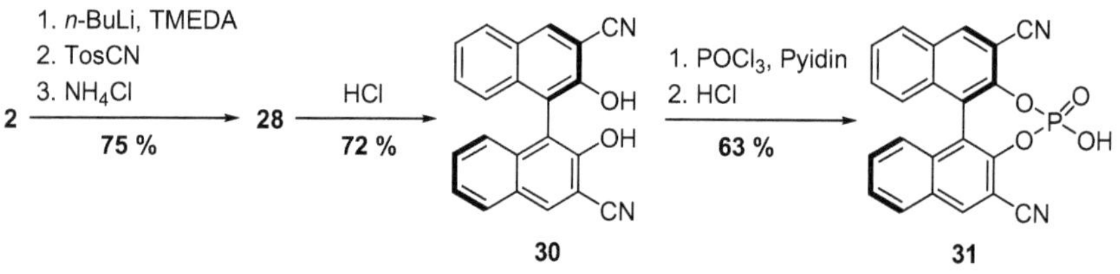

Schema 18: Synthese der Cyano-substituierten Monomere **30** und **31**.

Die abschließende Umsetzung zur Phosphorsäure erfolgte unter Standardbedingungen und lieferte **31** einer Gesamtausbeute von 34 % über vier Stufen.

1.4 Synthese der Polymere

Die Polymerisation der Monomere sowie die Charakterisierung der synthetisierten Polymere wurde von *Johannes Schmidt* im Arbeitskreis *Thomas* an der TU Berlin durchgeführt. Die Oberflächen der Materialien wurden nach der BET-Methode durch die Messung des Absoptionsverhaltens gegenüber Stickstoff bei tiefen Temperaturen bestimmt. Nach der Synthese wurden die Polymere mehrfach mit verschiedenen Lösungsmitteln gewaschen, um verbliebende Monomere und niedermolekulare Oligomere zu entfernen. Über eine ICP-OES-Analyse wurde anschließend sichergestellt, dass die Polymere nach der Polymerisation frei von Restspuren der eingesetzten Metallkatalysatoren waren. Die im folgenden Kapitel dargestellten Polymerstrukturen dienen der Veranschaulichung der Monomerverknüpfung in den Polymeren und basieren nicht auf einer strukturellen Analyse der hergestellten Materialien. Die Stereochemie der BINOL-Gerüste wurde aus Gründen der Übersichtlichkeit in den Abbildungen in diesem Kapitel nicht eingezeichnet.

1.4.1 Polymerisation der Thiophen-Monomere

Die Polymerisation der Thiophen-Monomere erfolgte über die Eisentrichlorid-katalysierte oxidative Kupplung der Thienyl-Substituenten in den Monomeren. Bei dieser Reaktion werden die Thiophene an der 2- bzw. 4-Position miteinander verknüpft, so dass ein Thiophenring zu ein oder zwei benachbarten Ringen eine neue Bindung aufbaut (Kapitel 1.2, Schema 6). Um möglichst früh zu überprüfen, ob mit den geplanten Monomerstrukturen mikroporöse Polymere hergestellt werden können, wurden bereits die katalytisch inaktiven Methyl-geschützten Vorläufer **5** und **8** polymerisiert. In beiden Fällen konnten nach der oxidativen Kupplung unlösliche Polymere isoliert werden. Die Analyse der spezifischen Oberfläche bestätigte mit 320 m^2 g^{-1} im Polymer **P5-OMe** und mit 90 m^2 g^{-1} im Polymer **P8-OMe** den erfolgreichen Aufbau von Mikroporosität. Im Gegensatz zu Monomer **5** hat das Monomer **8** nur zwei Verknüpfungsstellen und Polymer **P8-OMe** sollte somit linear aufgebaut sein (Abbildung 9). Dass im Fall von **P8-OMe** trotzdem ein unlöslicher Feststoff mit einer hohen Oberfläche erhalten werden konnte, ist konsistent mit den von *Budd* und *McKeown* beschriebenen Beispielen von linearen Polymeren, die sich auf Grund ihrer sperrigen Struktur im kondensierten Zustand zu Feststoffen mit Mikroporen zusammenlagern.[8]

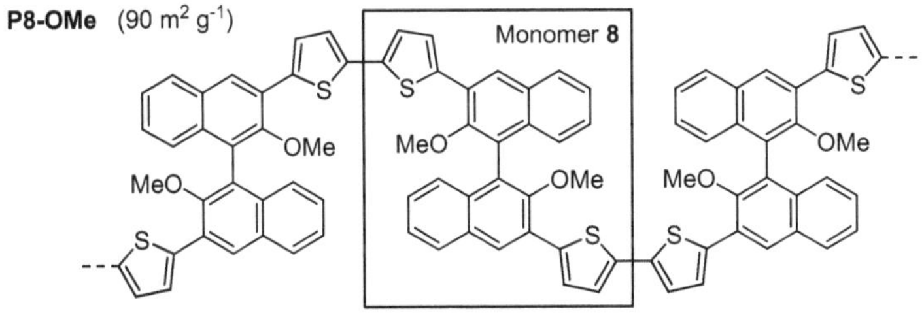

Abbildung 9: Ausschnitt aus der linearen Struktur des Polymers **P8-OMe**.

In den weiterführenden Polymerisationsversuchen mit dem ungeschützten BINOL-Derivat **6** zeigte sich, dass freie Phenolgruppen bei der oxidativen Polymerisation toleriert werden. 3,3'-Bis(3-thienyl)-1,1'-bi-2-naphthol (**6**) konnte zu einem Polymer **P6-OH** mit einer spezifischen Oberfläche von 560 m^2 g^{-1} umgesetzt werden und zeigte damit eine höhere Porosität als die Polymere **P5-OMe** und **P8-OMe** (Abbildung 10). Da das Monomer **6** durch eine Entschützung unter Mikrowellenbestrahlung auch racemisch zugänglich war, wurde zu Vergleichszwecken ein dem Polymer **P6-OH** entsprechendes racemisches Polymer *rac*-**P6-OH** hergestellt werden. Es ist bekannt, dass es z. B. bei der Ausbildung von Kristallen oder bei der Dimer- und Oligomerbildung in Lösung entscheidend sein kann, ob nur ein Enantiomer oder ein racemisches Gemisch einer Verbindung vorliegt.[140, 141] Das Polymer *rac*-**P6-OH** zeigte mit 480 m^2 g^{-1} allerdings eine ähnliche Oberfläche wie das enantiomerenreine Polymer **P6-OH** (Abbildung 10). Auch die nahezu identischen Porenvolumina von 0.37 cm³ g^{-1} (*rac*-**P6-OH**) bzw. 0.39 cm³ g^{-1} (**P6-OH**) deuten darauf hin, dass es für die strukturellen Eigenschaften der hergestellten Polymere unerheblich ist, ob das Monomer racemisch oder enantiomerenrein eingesetzt wird.

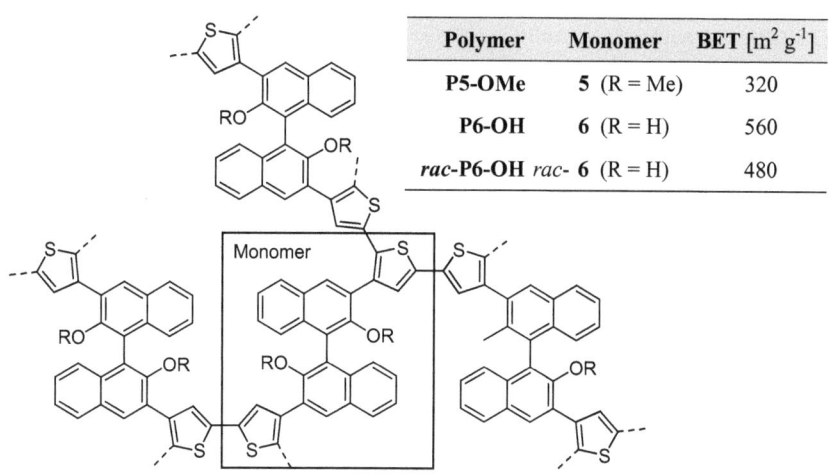

Polymer	Monomer	BET [m^2 g^{-1}]
P5-OMe	5 (R = Me)	320
P6-OH	6 (R = H)	560
rac-P6-OH	*rac*- 6 (R = H)	480

Abbildung 10: Ausschnitt aus der Netzwerk-Struktur der hergestellten mikroporösen BINOL-Polymere.

Die Umsetzung der Phosphorsäure **7** führte im Gegensatz zu den zuvor gezeigten Beispielen nicht mehr zu einem Polymer mit hoher Porosität. Bei einer gemessenen spezifischen Oberfläche von 17 m^2 g^{-1} kann das Netzwerk **P7-POH** nicht mehr als porös eingestuft werden. Bereits zuvor hatten die zusätzlichen Methylgruppen im Polymer **P5-OMe** zu einer kleineren spezifischen Oberfläche als im Fall der freien Phenolgruppen des Polymers **P6-OH** geführt (Abbildung 10). Dieser Trend setzte sich bei der Phosphorsäurefunktion fort. Die Beobachtungen können damit interpretiert werden, dass die funktionellen Gruppen in das freie interne Volumen der Netzwerke hineinragen und damit die Poren und die spezifische Oberfläche verkleinern. Genauere Strukturuntersuchungen, die diese Annahme bestätigen oder Aufschluss über die räumliche Anordnung oder den Verknüpfungsgrad der Untereinheiten geben, wurden im Rahmen dieser Arbeit nicht durchgeführt.

Aus Untersuchungen in der Arbeitsgruppe *Thomas* war bekannt, dass eine Copolymerisation mit einem geeigneten zweiten Tekton (Crosslinker) zu einer Versteifung der Struktur und zur Verbesserung der Eigenschaften eines PIMs führen kann, wenn die strukturgebenden Eigenschaften des ersten Tektons nicht optimal sind.[36] Darüber hinaus beschrieben sie, dass mit 1,3,5-Tris(2-thienyl)benzol (**32**) ein PIM mit einer großen spezifischen Oberfläche von 1060 m^2 g^{-1} aufgebaut werden konnte (**P32**, Abbildung 11).[38] Um die Porosität der heterogenen Phosphorsäure **P7-POH** zu erhöhen, wurde die Phosphorsäure **7** zusammen mit 1,3,5-Tris(2-thienyl)benzol copolymerisiert. Beide Moleküle sind in der Lage mit sich selbst zu reagieren, so dass es möglich war, die Reaktion mit einem beliebigen Verhältnis der beiden Monomere durchzuführen. Es wurde ein zehnfacher Überschuss des Crosslinkers gewählt, um eine möglichst große Steigerung der Porosität zu erzielen. Das erhaltene Copolymer **CP7-POH** zeigte eine spezifische Oberfläche von 278 m^2 g^{-1} und lag damit zwischen den Werten der reinen Polymere **P7-POH** und **P32**. Ob die Monomere statistisch verteilt oder als Blockpolymere eingebaut wurden, konnte an dieser Stelle nicht untersucht werden. Die Ergebnisse zeigen jedoch ähnlich wie die von *Cooper* beschriebenen Beispiele,[34] dass durch statistische Copolymerisation gezielt die strukturellen Eigenschaften eines PIMs beeinflusst werden können.

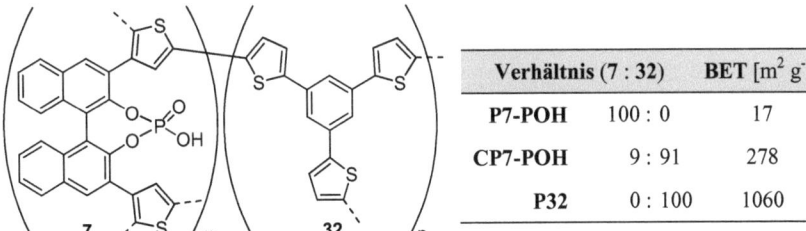

Verhältnis (7 : 32)		BET [m^2 g^{-1}]
P7-POH	100 : 0	17
CP7-POH	9 : 91	278
P32	0 : 100	1060

Abbildung 11: Abbildung des Copolymers **CP7-POH** Vergleich mit den reinen Polymeren.

In nachfolgenden Experimenten konnte die Polymerisation der monomeren Phosphorsäure **7** nicht reproduziert werden. Die oxidative Kupplung von Thiophenen erfolgt generell unter wasserfreien Bedingungen in absoluten aprotischen Lösungsmitteln. Wiederholt synthetisierte Phosphorsäure **7** war jedoch in den verwendbaren Lösungsmitteln nicht mehr löslich. Lösungsmittel, die Anteile an Wasser enthielten und auch Methanol lösten die Phosphorsäure hingegen gut. Eine Polymerisation in diesen Lösungsmitteln konnte allerdings nicht erfolgreich durchgeführt werden. In den letzten Jahren ist bekannt geworden, dass sich abhängig von den Aufarbeitungs- und Reinigungsbedingungen manchmal die Salze der entsprechenden BINOL-Phosphorsäuren bilden.[117] Dies hat zum Teil einen großen Einfluss auf die Aktivität und die Selektivität der Katalysatoren.[100, 112, 142] Unter der Annahme, dass auch die Löslichkeit durch dieses Phänomen beeinflusst werden könnte, wurde die Phosphorsäure **7** gezielt basisch und sauer behandelt. In gelöster Form wurde sie entweder mit Natronlauge oder mit Salzsäure gewaschen und anschließend eingeengt. Die Löslichkeit des Monomers **7** ließ sich jedoch nicht steigern. Weitere Experimente zeigten zwar, dass Pyridinreste von der vorherigen Umsetzung mit Phosphoroxychlorid zu einer guten Löslichkeit der Phosphorsäure **7** in den verwendbaren absoluten Lösungsmitteln führten. Die Umsetzung des mit Pyridin verunreinigten Monomers **7** mit Eisentrichlorid führte jedoch nicht zur Bildung des gewünschten Polymers.

Wie bereits in Kapitel 1.3.1 beschrieben, konnte das gut lösliche Phosphorsäurechlorid **21** als Vorläufer der entsprechenden Phosphorsäure hergestellt und isoliert werden. Die Aufarbeitungsschritte nach einer oxidativen Polymerisation von Thiophen-Monomeren umfassen unter anderem die Behandlung mit 1 M HCl. Unter diesen Bedingungen sollten Phosphorsäurechloridfunktionen hydrolysiert werden, so dass nach einer Polymerisation von **21** durch die anschließende Aufarbeitung direkt die entsprechende polymere Phosphorsäure generiert werden sollte. Im Folgenden lieferte die oxidative Polymerisation von **21** in Toluol und alternativ in Chloroform die beiden mikroporösen Feststoffe **P21-POH-a** bzw. **P21-POH-b** mit relativ ähnlichen spezifischen Oberflächen von 78 $m^2 g^{-1}$ bzw. 60 $m^2 g^{-1}$ (Schema 19). In beiden Fällen konnten die unlöslichen Netzwerke allerdings nur in geringen Ausbeuten von weniger als 5 % isoliert werden.

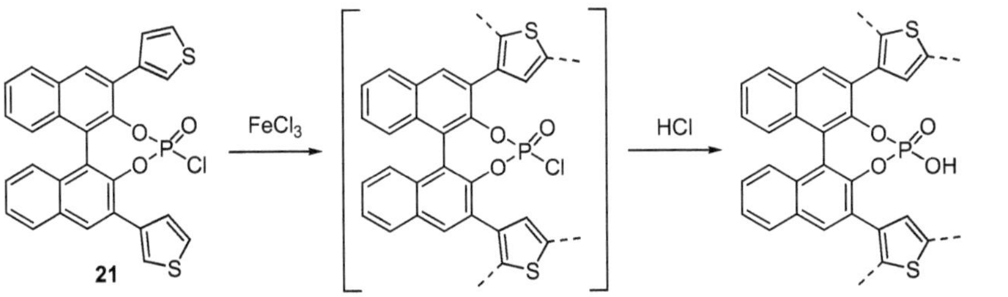

[Reaktionsschema: 21 → (FeCl₃) → Zwischenprodukt → (HCl) → P21-POH]

P21-POH-a (Toluol):   78 m² g⁻¹
P21-POH-b (Chloroform): 60 m² g⁻¹

Schema 19: Polymerisation des Phosphorsäurechlorids 21 mit anschließender Hydrolyse.

Die Verknüpfung der Monomere über ihre Thiophengruppen führt einzelne Teile der Moleküle sehr nahe zusammen und eine zweifache Verknüpfung an einem Thiophenring kann zu einer erheblichen sterischen Abstoßung führen. Bei der Polymerisation von 3,3'-Bis(3-thienyl)-1,1'-bi-2-naphthol (6) wurde zuvor trotzdem ein ausreichender Verknüpfungsgrad und eine gute Ausbeute erreicht. Die Phosphorsäurechlorid-Funktionalität wirkt sich anscheinend im Gegensatz zu den freien Phenolgruppen negativ auf die Effizienz der Kupplungsreaktion bzw. den Verknüpfungsgrad aus. Hier führt der hohe sterische Anspruch der einzelnen Fragmente vermutlich hauptsächlich zu unvollständig verknüpften Oligomeren, die nach der Polymerisationsreaktion gelöst bleiben.

Tabelle 2: Übersicht über die (Co)polymerisationsversuche mit dem Phosphorsäurechlorid 21.[a]

Eintrag	Polymer	21	:	32	Ausbeute [%]	BET [m² g⁻¹]	PV [cm³ g⁻¹]
1	P21-POH-a	100		0	< 5	78	-
2[b]	P21-POH-b	100		0	< 5	60	-
3[c]	P21-POH-c	100		0	20	88	0.11
4	CP21-POH-a	91		9	41	798	0.81
5	CP21-POH-b	60		40	-	768	0.75
6	CP21-POH-c	9		91	82	1247	1.04
7	P32	0		100	-	1060	0.71

[a] Polymerisation in Toluol bei RT; [b] Polymerisation in Chloroform; [c] Polymerisation bei 60 °C

Um den Polymerisationsgrad und damit die Ausbeute zu optimieren, wurde die Temperatur bei der Polymerisation von zuvor 25 °C auf 60 °C erhöht. Im Vergleich zu **P21-POH-a** und **P21-POH-b** konnte die Ausbeute des neuen Polymers **P21-POH-c** auf 20 % gesteigert werden und die spezifische Oberfläche vergrößerte sich leicht auf 88 m^2 g^{-1}. Die Porosität dieser neuen Polymere ist insgesamt niedriger als die des BINOL-Polymers **P6-OH** (560 m^2 g^{-1}), aber höher als die des Polymers **P7-POH** (17 m^2 g^{-1}), das direkt aus der Phosphorsäure **7** hergestellt wurde.

Um die Ausbeute und die Porosität weiter zu verbessern, wurden anschließend verschiedene Anteile des bereits im Copolymer **CP7-POH** eingesetzten Crosslinkers **32** zugesetzt. Die Copolymerisation zeigte den gewünschten Effekt und es konnten sowohl die Ausbeuten der Polymere verbessert, als auch ihre spezifischen Oberflächen stark vergrößert werden (Tabelle 2). Bereits 0.1 Äquivalente des Crosslinkers **32** führten zu einer signifikanten Steigerung der spezifischen Oberfläche auf das Neunfache des ursprünglichen Wertes (Eintrag 4). Darüber hinaus wurde im Polymer **CP21-POH-c** mit 1247 m^2 g^{-1} ein Wert erreicht, der über dem Wert des einzeln polymerisierten Crosslinkers **32** lag (Eintrag 6). Die beiden eingesetzten Molekülstrukturen zeigten hier einen synergistischen Effekt, denn das Copolymer übertraf mit seinen Eigenschaften die der reinen Polymere aus jeweils einem der beiden Tektone. Dies galt auch für das Porenvolumen der Polymere, das parallel zu den inneren Oberflächen durch Zugabe des Linkers **32** stark anstieg. Der maximale Wert von 1.04 cm^3 g^{-1} wurde ebenfalls mit dem Polymer **CP21-POH-c** erreicht und überstieg deutlich das Porenvolumen des reinen Polymers **P32**. Die guten Ausbeuten von bis zu 82 % (**CP21-POH-c**) erwiesen zudem, dass die Phosphorsäurechloridfunktion von der oxidativen Polymerisationsmethode toleriert wurde und die Hydrolyseempfindlichkeit der Monomere nicht verantwortlich für die schlechten Ausbeuten der vorher synthetisierten Polymere war.

Als nächstes sollten die Monomere **24** und **25** polymerisiert werden, aber erste Untersuchungen ergaben, dass die Löslichkeit des Phosphorsäure-Monomers **25** ähnlich schlecht war wie die der Phosphorsäure **7** und nicht für eine Polymerisation ausreichte. Wie zuvor konnte aber erneut das entsprechende Phosphorsäurechlorid **26** gelöst und polymerisiert werden. Das Polymer **P26-POH** konnte bereits ohne Zusatz des Crosslinkers **32** unter Standardbedingungen in einer guten Ausbeute von 62 % erhalten werden (Abbildung 12). Durch die eingeschobenen Phenylgruppen vergrößerte sich die spezifische Oberfläche leicht auf 126 m^2 g^{-1} im Vergleich zum Polymer **P21-POH-c** mit 88 m^2 g^{-1}. Die Umsetzung des Bi-2-naphthol-Derivats **24** führte dagegen zu einem Polymer **P24-OH**, dass im Vergleich zum polymerisierten 3,3'-Bis(3-thienyl)-1,1'-bi-2-naphthol (**P6-OH**, 560 m^2 g^{-1}) eine deutlich kleinere spezifische Oberfläche von nur 153 m^2 g^{-1} aufwies.

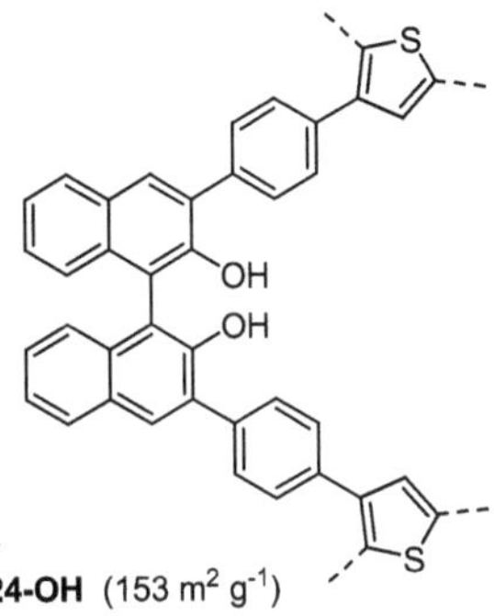

Monomer: **24**
Polymer: **P24-OH** (153 m^2 g^{-1})

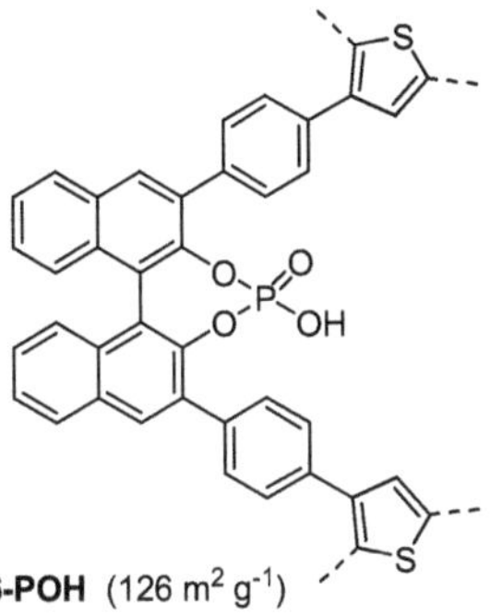

Monomer: **26**
Polymer: **P26-POH** (126 m^2 g^{-1})

Abbildung 12: Polymere aus dem BINOL-Derivat **24** und dem Phosphorsäurechlorid **26**.

Im Gegensatz zu den Monomeren **6** und **21** sind die funktionellen Gruppen in den Monomeren **24** und **26** weiter von den Thienyl-Substituenten bzw. von den Verknüpfungspunkten zum Polymer entfernt und scheinen die Porosität nicht mehr so stark zu beeinflussen, so dass die Polymere **P24-OH** und **P26-POH** fast die gleiche spezifischen Oberfläche besitzen (Abbildung 12). Die Ergebnisse legen außerdem nahe, dass sich nicht die Phosphorsäurechloridfunktionen sondern die direkte Verknüpfung der polymerisierbaren Thiophengruppen an das Binaphthyl-Grundgerüst im Monomeren **21** negativ auf die Effizienz der Polymerisation ausgewirkt hatte. In den Monomeren **24** und **26** sind die Thienyl-Substituenten und damit die Verknüpfungsstellen für die Polymerisation deutlich weiter vom Binaphthyl-Rückgrat und der Phosphorsäurefunktion entfernt und die Polymere konnten in deutlich besseren Ausbeuten erhalten werden.

1.4.2 Modifizierung der Thiophen-Polymere

Wie bereits in Kapitel 1.4.1 beschrieben, haben die unterschiedlichen funktionellen Gruppen am BINOL starke Auswirkungen auf die Eigenschaften der synthetisierten Polymere. Das ungeschützte BINOL-Derivat **6** konnte im Gegensatz zum Phosphorsäurechlorid **21** ohne Zugabe des Crosslinkers **32** reproduzierbar und in guter Ausbeute zu einem mikroporösen

Netzwerk umgesetzt werden. Das Polymer **P6-OH** hatte außerdem mit 560 $m^2\,g^{-1}$ die größte spezifische Oberfläche aller Polymere, die ohne Zusatz des Crosslinkers hergestellt wurden. Parallel zum ursprünglichen Konzept, vollständig funktionalisierte Katalysatoren direkt zu polymerisieren, wurde daher versucht, die freien Phenolgruppen im Polymer **P6-OH** analog zum Monomer **6** (Schema 9) mit Phosphoroxychlorid zu Phosphorsäurefunktionen umzuwandeln. Die Reaktionsbedingungen wurden analog zur Synthese der monomeren Phosphorsäuren gewählt, wobei die Reaktionszeiten der einzelnen Schritte deutlich verlängert wurden. Die Umsetzung der Polymere **P6-OH** und *rac*-**P6-OH** lieferte das modifizierte Polymer **MP6-POH**, sowie das modifizierte racemische Polymer *rac*-**MP6-POH-a**. Außerdem wurde *rac*-**P6-OH** noch einmal unter starkem Rühren zur polymeren Phosphorsäure *rac*-**MP6-POH-b** umgesetzt, um zu überprüfen, ob die makroskopische Beschaffenheit des Polymers einen Einfluss auf die Modifikation mit Phosphoroxychlorid hat. Eine NMR-Analyse der Polymere war auf Grund der zu geringen Substanzmengen nicht möglich und den IR-Spektren konnte keine Information über den Umsatz der Reaktion entnommen werden. Die von 480 $m^2\,g^{-1}$ (*rac*-**P6-OH**) auf 350 $m^2\,g^{-1}$ reduzierte Oberfläche im Polymer *rac*-**MP6-POH-a** war aber ein erster Hinweis auf eine erfolgreiche Transformation des BINOL-Polymers *rac*-**P6-OH**. Die Porosität blieb damit wie erhofft höher als bei den polymerisierten Phosphorsäurechloriden **P21-POH-a** bis **P21-POH-c**, die maximal 88 $m^2\,g^{-1}$ erreicht hatten. Ob tatsächlich erfolgreich Phosphorsäuregruppen installiert werden konnten, sollten nachfolgende Untersuchungen zur katalytischen Aktivität der modifizierten Polymere zeigen (Kapitel 1.5.1).

1.4.3 Polymerisation der Nitril-Monomere

Die Bildung von mikroporösen Triazin-Polymeren über die Trimerisierung von Cyanofunktionen erfolgt normalerweise bei hohen Temperaturen von 400 bis 650 °C in der Salzschmelze.[24] Die Trimerisierung kann allerdings auch bei deutlich niedrigeren Temperaturen unter Verwendung von starken Brønstedsäuren katalysiert werden.[143] Eine weitere milde Alternative für die Trimerisierung von Arylnitrilen ist die Verwendung von Samariumdiiodid als Katalysator.[144] Es wurde versucht, die Monomere **30** und **31** unter verschiedenen Reaktionsbedingungen und unter Verwendung der oben genannten Katalysatoren zu polymerisieren. Das BINOL-Monomer **30** konnte zwar mit *p*-Toluolsulfonsäure bei Raumtemperatur zu einem porösen Polymer **P30-OH** mit einer spezifischen Oberfläche von 91 m² g⁻¹ umgesetzt werden. Dieses löste sich allerdings bei Katalyseversuchen in Toluol und Chloroform wieder auf und scheint nicht ausreichend vernetzt gewesen zu sein. Da auch die Phosphorsäure **31** in keinem der Versuche erfolgreich zu einem unlöslichen Polymer umgesetzt werden konnte, wurde die Trimerisierung der Nitril-Monomere nicht weiter untersucht.

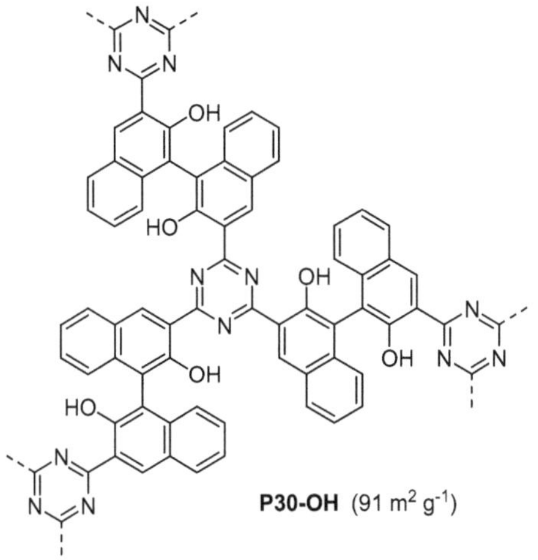

P30-OH (91 m² g⁻¹)

Abbildung 13: Ausschnitt aus dem Triazin-Polymer **P30-OH**.

1.5 Anwendungen in der heterogenen asymmetrischen Katalyse

Die hergestellten Monomere und Polymere repräsentieren neue homogene und heterogene Varianten verschiedener chiraler Brønstedsäure-Katalysatoren sowie chiraler Liganden. In ausgewählten Reaktionen wurden ihre Reaktivität und Enantioselektivität untersucht. Der Schwerpunkt lag auf der asymmetrischen Transferhydrierung von ungesättigten Stickstoffheterocyclen. Die Ergebnisse sollten unter anderem Aufschluss darüber geben, ob die Poren für die Substratmoleküle zugänglich sind und ob in den heterogenen Reaktionen die chirale Information des BINOL-Rückgrats auf das Substrat übertragen werden kann.

Die durchgeführten Analysen der modifizierten Polymere hatten nicht nachweisen können, inwiefern erfolgreich Phosphorsäurefunktionen in die Polymere eingebracht werden konnten (Kapitel 1.4.1). Außerdem konnte bisher nicht überprüft werden, ob die saure Aufarbeitung nach der Polymerisation der Phosphorsäurechloride zu deren Hydrolyse geführt hatte (Kapitel 1.4.1). Die nachfolgenden Katalyseversuche sollten indirekt den Erfolg dieser Transformationen bestätigen.

Für die Berechnung der Katalysatorbeladung (in mol%) wurde bei den heterogenen Reaktionen die Molmasse der Polymere verwendet. Die Molmasse entspricht bei den Polymeren, die keinen Anteil an **32** enthalten, den entsprechenden homogenen Katalysatoren, da sie vollständig aus katalytisch aktiven Einheiten aufgebaut sind. Bei der Verwendung der Copolymere wurde für die Berechnung der Katalysatorbeladung vereinfacht davon ausgegangen, dass die Verhältnisse der beiden Tektone in den Polymeren den bei der Polymerisation eingesetzten Verhältnissen entsprechen. Die Molmasse der Polymere wurde dementsprechend angepasst (Kapitel 3.3). Bei den polymerisierten Phosphorsäurechloriden wurde von einer vollständigen Hydrolyse und bei den modifizierten Polymeren von einem vollständigen Umsatz der Phenolgruppen zu Phosphorsäurefunktionen ausgegangen.

1.5.1 Versuche zur asymmetrischen Transferhydrierung

Die enantioselektive Transferhydrierung prochiraler Chinolin- oder Benzoxazin-Derivate bietet Zugang zu wichtigen Strukturmotiven, die man in vielen Naturstoffen und pharmakologischen Wirkstoffen wiederfindet (Abbildung 14 a).[145, 146] Die Reaktion wird von chiralen BINOL-Phosphorsäuren mit ausgezeichneten Enantioselektivitäten katalysiert.[147, 148] Als Hydridquelle wird für die Reduktion gewöhnlich ein *Hantzsch*-Ester-Derivat eingesetzt. *Akiyama* und Mitarbeiter konnten 2009 aber zeigen, dass auch Benzothiazolinderivate als Hydridquelle für diese Transferhydrierungen verwendet werden können (Abbildung 14 b).[149]

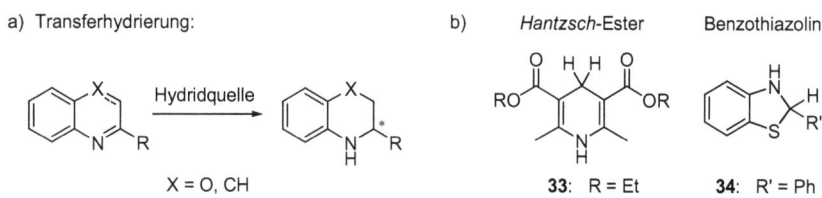

Abbildung 14: a) Transferhydrierung von Stickstoffheterocyclen; b) Eingesetzte Hydridquellen.

Als erstes Substrat wurde 3-Phenyl-2H-1,4-benzoxazin (**35**) gewählt und mit dem homogenen Katalysator **7** umgesetzt. In einer Reaktion mit 2.5 Äquivalenten des *Hantzsch*-Esters **33** wurde das Produkt nach vollem Umsatz innerhalb von 24 h ohne die Bildung von Nebenprodukten erhalten. Die Enantioselektivität wurde mittels chiraler HPLC bestimmt und lag bei 22 % ee (Tabelle 3, Eintrag 2). In nachfolgenden Experimenten konnte die Selektivität durch die Verwendung von 1.25 Äquivalenten der Hydridquelle bei gleichzeitiger Erhöhung der Katalysatorbeladung auf 5 mol% von 22 % ee auf 34 % ee gesteigert werden (Eintrag 3). Verglichen mit dem 3,3'-bisphenyl-substituierten Katalysator **37** (Eintrag 1) erzielte das Monomer **7** eine deutlich höhere Enantioselektivität, obwohl seine Substituenten ähnlich groß sind und einen vergleichbaren sterischen Anspruch aufweisen. Mit dem Katalysator **31** wurde anschließend trotz der kleineren Cyanosubstituenten sogar ein Enantiomerenüberschuss von 48 % ee erzielt (Eintrag 4).

Tabelle 3: Erste Testreaktionen mit 3-Phenyl-2H-1,4-benzoxazin (**35**).[a]

Eintrag	Kat.	R	Hydridquelle	Ums.[b] [%]	ee[c] [%]
1[d]	37	Phenyl	33 (1.25 eq.)	quant.	6[147]
2	7	3-Thienyl	33 (2.5 eq.)	quant.	-22
3[e]	7	3-Thienyl	33 (1.25 eq.)	quant.	-34
4[e]	31	CN	33 (1.25 eq.)	quant.	-48
5	P7-POH	Poly-3-thienyl	33 (2.5 eq.)	95	*rac*
6	P7-POH	Poly-3-thienyl	34 (2.5 eq.)	quant.	*rac*

[a] Reaktionsbedingungen: Katalysator (2 mol%), Chloroform, RT, 24 h; [b] Bestimmt über ^{1}H-NMR-Analyse; [c] Bestimmt über HPLC-Analyse (Chiracel OD-H); negative Werte bedeuten inverse Konfiguration des Stereozentrums; [d] Katalysator (10 mol%), Benzol, RT; [e] Katalysator (5 mol%).

Der Vergleich mit dem Produkt des Katalysators **37** ergab, dass die Monomere **7** und **31** das entgegengesetzte Enantiomer als Hauptprodukt gebildet hatten. Eine Umkehr der absoluten Konfiguration bei gleicher Konfiguration des Katalysators, wie sie hier beobachtet wurde, ist bereits für viele unterschiedliche Reaktionen beschrieben worden.[150] Die Ursachen einer sogenannten „unerwarteten Inversion der Konfiguration" können sehr unterschiedlich sein und in vielen Fällen sind die Wechselwirkungen nicht im Einzelnen verstanden. Die Ergebnisse (Einträge 1-4) zeigen aber zunächst allgemein, dass der Austausch der Phenylgruppen im Katalysator **37** gegen Thiophen- oder Cyanogruppen einen außergewöhnlichen Einfluss auf den Reaktionsverlauf hat. Da bisher noch keine BINOL-Phosphorsäuren mit ähnlichen Substituenten als Organokatalysatoren eingesetzt wurden, fehlen Vergleichsmöglichkeiten, die einen Hinweis darauf geben könnten, welche Eigenschaften der heteroatomhaltigen Substituenten in Bezug auf den stereochemischen Verlauf dieser Reaktionen eine Rolle spielen.

Als nächstes wurde das durch Copolymerisation der Phosphorsäure **7** erhaltene Polymer **P7-POH** als heterogener Katalysator in der Reaktion eingesetzt. Wie bei den homogenen Reaktionen wurde bei Raumtemperatur innerhalb von 24 h ein nahezu quantitativer Umsatz erreicht. Das Produkt **7** wurde allerdings lediglich als racemisches Gemisch gebildet (Eintrag 5). Somit ist dieses Ergebnis noch kein Beweis, dass die Reaktion durch das zugesetzte Polymer katalysiert wurde. Auch beim Einsatz von Benzothiazolin **34** als alternative Hydridquelle konnte das Produkt nur als Racemat erhalten werden (Eintrag 6). Weiterführende Untersuchungen wie z. B. ein Lösungsmittel-Screening waren nicht möglich, da das Polymer wie im Kapitel 1.4.1 beschrieben nicht reproduzierbar hergestellt werden konnte. Die Katalyse mit der Cyano-substituierten Phosphorsäure **31** konnte nicht mit einer analogen heterogenen Reaktion verglichen werden, weil das Monomer nicht polymerisiert werden konnte (Kapitel 1.4.3).

In weiterführenden Experimenten wurde die Transferhydrierung von 2,2'-Bichinolin (**38**) untersucht (Tabelle 4). Das Produkt **39** ist ein chirales Diamin, das zum N-heterocyclischen Carben umgesetzt als Ligand für Metathesekatalysatoren eingesetzt werden kann.[151] Die Tests sollten zeigen, inwiefern sich ein größeres Substrat mit anderen elektronischen Eigenschaften auf die Selektivität der Katalysatoren auswirkt.

Tabelle 4: Testreaktionen zur katalytischen asymmetrischen Transferhydrierung von 2,2'-Bichinolin (**38**).[a]

Eintrag	Kat.	R	Lösungsm.	Zeit [h]	Ums.[b] [%]	ee[c] [%]
1	31	CN	Benzol	8	99	-45
2	7	3-Thienyl	Benzol	8	93	-62
3	40	9-Phenanthryl	Benzol	8	quant.	89
4	P7-POH	Poly-3-thienyl	Benzol	90	0	-
5	P7-POH	Poly-3-thienyl	Chloroform	90	60	19
6[d]	P7-POH	Poly-3-thienyl	Chloroform	120	0	-

[a] Reaktionsbedingungen: **33** (4.8 eq.), Katalysator (2 mol%), 60 °C; [b] Bestimmt über ^{1}H-NMR-Analyse; [c] Bestimmt über HPLC-Analyse (Chiracel OD-H); negative Werte bedeuten inverse Konfiguration der Stereozentren; [d] Hydridquelle: **34** (5.0 eq.).

In den Reaktionen mit den Monomeren **7** und **31** wurde das Produkt mit Enantiomerenüberschüssen von 65 % bzw. 45 % erhalten. Die Katalysen wurden in Benzol durchgeführt und können mit den Ergebnissen aus Tabelle 3 nicht direkt verglichen werden. Die Reaktion wurde als nächstes mit der von *Rueping* eingesetzten monomeren Phosphorsäure **40**, die deutlich größere 9-Phenanthryl-Substituenten trägt, wiederholt.[148] Das Produkt wurde mit 89 % ee und wie zuvor inverser Konfiguration erhalten (Eintrag 3). Der Katalysator-abhängige Wechsel im stereochemischen Verlauf der durchgeführten Transferhydrierungen, der hier beobachtet wurde, scheint also relativ substratunabhängig zu sein.

Anschließend wurde das Polymer **P7-POH** für die heterogene Transferhydrierung von **38** eingesetzt. Die Reaktion in Benzol zeigte allerdings auch bei einer erhöhten Temperatur von 60 °C nach vier Tagen keinen Umsatz (Eintrag 4). Der Wechsel des Lösungsmittels zu Chloroform führte zu einer deutlichen Steigerung der Reaktionsgeschwindigkeit und nach 90 h wurde ein Umsatz von 60 % erreicht (Eintrag 5). Aus Untersuchungen in der

Arbeitsgruppe *Thomas* war bekannt, dass die Poren der hergestellten Polymere abhängig vom Lösungsmittel in unterschiedlichem Maße leicht aufquellen können. Bei einer heterogenen Reaktion spielt der Stofftransport in den Poren des Polymers eine entscheidende Rolle, so dass sich die Größe bzw. Struktur eines Substrats und die Eigenschaften des Lösungsmittels stark auf die Reaktionsgeschwindigkeit auswirken können. Inwiefern die Zugänglichkeit der Poren für das Substrat in Chloroform höher war oder andere Faktoren die Ursache für das Ausbleiben der Reaktion in Benzol waren, können die Ergebnisse allerdings nicht beantworten. Die Untersuchung des Produkts zeigte im Folgenden einen Enantiomerenüberschuss von 19 %. An dieser Stelle wurde erstmals ein Enantiomerenüberschuss mit einem der hergestellten Polymere erreicht und die Übertragung der stereochemischen Information belegt, dass das chirale Polymer die Reaktion katalysiert hat. Dies wird vor allem durch die Tatsache bekräftigt, dass das zur homogenen Reaktion (Eintrag 2) entgegengesetzte Enantiomer im Überschuss gebildet wurde. Der stereochemische Verlauf entspricht damit der Reaktion mit der 9-Phenanthryl-substituierten Phosphorsäure **40**. Die Wechselwirkungen, die beim Monomer **7** zu einer Umkehr der Selektivität führten, haben sich durch die Polymerisation anscheinend so verändert, dass sich die absolute Konfiguration des Hauptprodukts erneut umdreht.

Die in Eintrag 5 beschriebene Reaktion war in Chloroform schneller als in Benzol, aber immer noch deutlich langsamer als die homogene Katalyse mit den homogenen Katalysatoren. Bei gleichbleibendem Substrat, sollte erneut der Einfluss einer alternativen Hydridquelle auf die Geschwindigkeit und die Selektivität der Reaktion untersucht werden. In einer entsprechenden Testreaktion mit dem Polymer **P7-POH** und Benzothiazolin **34** konnte allerdings auch nach fünf Tagen bei 60 °C kein Umsatz festgestellt werden (Eintrag 6). Insgesamt waren die heterogenen Reaktionen mit dem Substrat **38** vergleichsweise langsam und die chirale Information des Polymers wurde nur unzureichend auf das Substrat übertragen.

Das zuvor eingesetzte Substrat **35** wurde vom Polymer **P7-POH** bei Raumtemperatur innerhalb von 24 h quantitativ umgesetzt. Daher wurde im Folgenden untersucht, welche Faktoren die Enantioselektivität bei der Reaktion mit **35** beeinflussen und ob diese weiter gesteigert werden kann (Tabelle 5). Wie bereits im Kapitel 1.4.1 beschrieben, können abhängig von der Aufarbeitung sowohl die protonierte Säure oder aber verschiedene Form der Phosphorsäurekatalysatoren vorliegen.[117] Die Aktivität und Selektivität kann davon stark beeinflusst werden.[100, 112, 142] Um die definitiv protonierte Form der monomeren Phosphorsäure **7** zu testen, wurde der Katalysator mit Salzsäure gewaschen und anschließend in einer Testreaktion mit 3-Phenyl-2*H*-1,4-benzoxazin (**35**) eingesetzt (Eintrag 2). In einem weiteren Versuch wurde die Phosphorsäure vor der Reaktion mit einer Calcium*iso*propylat-Lösung behandelt (Eintrag 3). Die Selektivität und die Reaktivität des Katalysators **7** wurden jedoch in beiden Fällen nicht beeinflusst.

Tabelle 5: Einfluss unterschiedlicher Faktoren auf die Reaktivität und Selektivität von Katalysator **7**.[a]

Eintrag	Modifikation	Lösungsm.	Hydridquelle	Ums.[b] [%]	ee[c] [%]
1	-	Chloroform	33	quant.	-34
2	HCl	Chloroform	33	quant.	-33
3	Ca(O^{i}Pr)$_2$	Chloroform	33	quant.	-34
4	-	Benzol	33	quant.	-16
5	-	Chloroform	34	47	24

[a] Reaktionsbedingungen: Hydridquelle (1.25 eq.), Katalysator (5 mol%), RT, 24 h; [b] Bestimmt über ^{1}H-NMR-Analyse; [c] Bestimmt über HPLC-Analyse (Chiracel OD-H); negative Werte bedeuten inverse Konfiguration des Stereozentrums.

Eine Reaktion in Benzol anstelle von Chloroform führte bei gleicher absoluter Konfiguration des Produkts zu einer niedrigeren Enantioselektivität (Eintrag 4). Der Austausch der Hydridquelle führte zu verringertem Umsatz einer geringeren Enantioselektivität bei gleichzeitiger Umkehr der Stereochemie im Produkt. Zusammengefasst nahm lediglich die Reaktion der monomeren Phosphorsäure **7** mit dem *Hantzsch*-Ester **33** einen den übrigen Ergebnissen entgegengesetzten stereochemischen Verlauf.

Das Polymer **P7-POH** konnte zwar die Transferhydrierung des Substrats **35** katalysieren, war aber nicht in der Lage einen Enantiomerenüberschuss zu erzeugen (Tabelle 3). Als nächstes wurden daher die beiden Polymere **P21-POH-a** und **P21-POH-b**, die aus der Polymerisation des Phosphorsäurechlorids **21** hervorgegangen waren, als heterogene Katalysatoren eingesetzt (Tabelle 6). Beide Polymere zeigten eine hohe Reaktivität bei nahezu quantitativem Umsatz in der Transferhydrierung des Benzoxazins **35**. Dies bestätigt, dass die saure Aufarbeitung nach der Polymerisation von **21** die katalytisch inaktiven Phosphorsäurechloride hydrolysiert hatte und katalytisch aktive Phosphorsäurefunktionen gebildet wurden. Die Analyse der Produkte zeigte anschließend, dass in den beiden Reaktionen Enantiomerenüberschüsse von 57 % bzw. 60 % erreicht wurden. Die Selektivität der heterogenen Katalysatoren **P21-POH-a** und **P21-POH-b** war damit erheblich höher als die Selektivität des entsprechenden homogenen Katalysators **7**, mit dem ein Enantiomerenüberschuss von maximal 34 % erzielt werden konnte. Diese Ergebnisse deuten darauf hin, dass die Polymerisation den sterischen Einfluss der Substituenten in 3- und 3'-Position vergrößert hatte und damit die Selektivität der monomeren Phosphorsäure deutlich verbessern konnte. Das Ziel, die Polymerisation nicht nur für die Immobilisierung, sondern gleichzeitig auch für die Verbesserung der katalytischen Eigenschaften zu nutzen, wurde somit erreicht.

Tabelle 6: Tests mit den über die Polymerisation des Phosphorsäurechlorids **21** erhaltenen Katalysatoren.[a]

Eintrag	Katalysator	Verhältnis (21 : 32)	Umsatz[b] [%]	ee[c] [%]
1	**P21-POH-a**	100 : 0	quant.	57
2	**P21-POH-b**	100 : 0	92	60
3	**CP21-POH-a**	91 : 9	quant.	32
4	**CP21-POH-b**	60 : 40	88	28
5	**CP21-POH-c**	9 : 91	97	5

[a] Reaktionsbedingungen: **33** (1.25 eq.), Katalysator (5 mol%), RT, 24 h; [b] Bestimmt über ^{1}H-NMR-Analyse; [c] Bestimmt über HPLC-Analyse (Chiracel OD-H).

Analog zu der zuvor beschriebenen Reaktion mit **P7-POH** (Tabelle 4, Eintrag 5), wurde von den Polymeren **P21-POH-a** und **P21-POH-b** ebenfalls das zur homogenen Reaktion entgegengesetzte Enantiomer im Überschuss gebildet. Die Einflüsse der Thiophensubstituenten, die in der homogenen Katalyse den Wechsel der Stereochemie bedingt hatten, scheinen generell durch die Immobilisierung negiert oder von anderen Wechselwirkungen überlagert worden zu sein. Denkbar wäre eine Änderung der elektronischen Eigenschaften durch die Konjugation benachbarter Thiophenringe, die durch die oxidative Kupplung miteinander verknüpft wurden. Des Weiteren könnte der Einbau in ein starres Gerüst mit einer eingeschränkten Rotation der Thiophensubstituenten einhergehen, die z.b. die Konjugation zum BINOL-Gerüst behindert oder zu einer größeren Entfernung des Schwefelatoms vom reaktiven Zentrum führt. Für eine detailierte Erklärung des Phänomens und für Aussagen über die Geometrie des Übergangszustands müssten unter anderem Untersuchungen zum Verknüpfungsgrad und zur Ausrichtung der einzelnen Molekülfragmente im Polymer durchgeführt werden.

In weiteren Experimenten wurden die durch Copolymerisation mit dem Crosslinker **32** hergestellten Katalysatoren **CP21-POH-a** bis **CP21-POH-c** in der katalytischen Transferhydrierung eingesetzt. Auch in diesen Reaktionen wurde nach 24 h bei Raumtemperatur ein hoher bis quantitativer Umsatz erreicht (Tabelle 6, Einträge 3-5). Die Enantioselektivitäten lagen aber im Gegensatz zu den reinen Polymeren **P21-POH-a** und **P21-POH-b** unter der Selektivität des homogenen Katalysators **7**. Mit ansteigendem Anteil des Crosslinkers **32** im Polymer nahm der Enantiomerenüberschuss in der Reaktion kontinuierlich ab und bei einem zehnfachen Überschuss des Crosslinkers wurde das Produkt nur noch nahezu racemisch gebildet (Eintra 3). Wie schon durch die Umkehr der Stereochemie angezeigt, scheinen die Wechselwirkungen im Festkörper, die die Selektivität der heterogenen Katalysatoren bestimmen, in gewisser Weise zu den Einflüssen des Monomers gegenläufig zu sein, obwohl die Quelle der stereochemischen Induktion nur in der Chiralität des BINOL-Gerüsts liegen kann. Wird mit dem Crosslinker ein weiteres Tekton in die Polymere eingebaut, wirkt sich das in der Summe negativ auf die beobachtete Enantioselektivität aus. Rückwirkend könnte dies auch erklären, warum das aus der Phosphorsäure **6** und zehn Äquivalenten **32** hergestellte Copolymer **P7-POH** zuvor nur einen sehr geringen Enantiomerenüberschuss geliefert hatte (Tabelle 3). Die Polymerisation des Monomers **6** konnte allerdings wie bereits beschrieben nicht wiederholt werden, um diese Vermutung zu bestätigen (Kapitel 1.4.1).

Rueping und Mitarbeiter haben kürzlich gezeigt, dass die asymmetrische Transferhydrierung entgegen der Erwartungen auch in Wasser möglich ist.[152] Die großen aromatischen Substituenten bilden ähnlich wie in Enzymen eine hydrophobe Tasche, die die Ausbildung des Kontaktionenpaars trotz des polaren Lösungsmittels ermöglicht. Unter Verwendung eines besonders sperrigen *tert*-Butyl-*Hantzsch*-Esters konnten hohe Selektivitäten erzielt werden. Erste Versuche mit dem bisher verwendeten Ethyl-*Hantzsch*-Ester **33** zeigten einen quantitativen Umsatz und eine Selektivität von 16 % ee (Schema 20). Mit den hergestellten Polymeren ist also prinzipiell auch eine Reaktion in Wasser möglich.

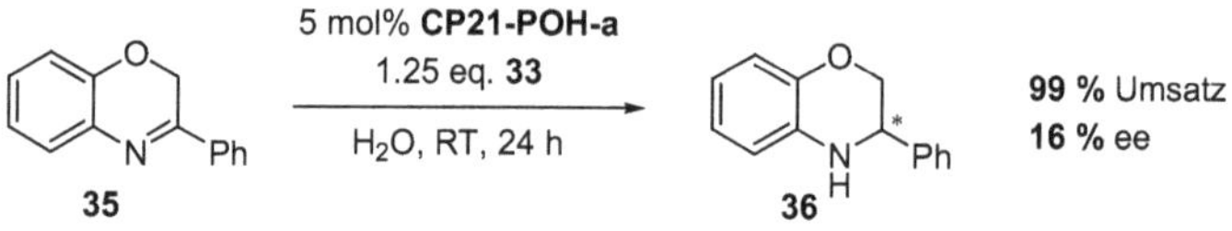

$$\underset{35}{\text{Ph}} \xrightarrow[\text{H}_2\text{O, RT, 24 h}]{5 \text{ mol\% } \textbf{CP21-POH-a} \\ 1.25 \text{ eq. } \textbf{33}} \underset{36}{\text{Ph}} \quad \begin{array}{l} 99 \text{ \% Umsatz} \\ 16 \text{ \% ee} \end{array}$$

Schema 20: Heterogene asymmetrische Transferhydrierung in Wasser.

Die Verwendung von anderen Lösungsmitteln als Chloroform, wie z.b. Benzol oder DCM, führte generell zu deutlich niedrigeren Enantioselektivitäten. Weitere Tests ergaben außerdem, dass die Verwendung von Benzothiazolin **34** als Hydridquelle nur zur Bildung des racemischen Produkts führte. Die bisherigen Ergebnisse deuten darauf hin, dass die hergestellten Katalysatoren in ihrer Enantioselektivität und Reaktivität im Unterschied zu den gängigen homogenen Katalysatoren deutlich stärker von der Wahl des Lösungsmittels oder der Hydridquelle beeinflusst werden. Chloroform und 1.25 Äquivalente des *Hantzsch*-Esters **33** erwiesen sich in den durchgeführten Katalysen als optimale Reaktionsbedingungen.

Neben den bereits bestätigten positiven Effekten der Polymerisation auf die Selektivität sollte die Immobilisierung der Katalysatoren auch deren Wiederverwendbarkeit ermöglichen. Um die Wiederverwendbarkeit zu prüfen, wurden die in Tabelle 7 gezeigten Testreihen mit dem bei 60 °C polymerisierten Katalysator **P21-POH-c** durchgeführt. Nach einer Reaktionszeit von jeweils 24 h bei Raumtemperatur wurde das Polymer durch Zentrifugieren von der Reaktionslösung getrennt, gewaschen und in einem neuen Ansatz eingesetzt. Dieser Vorgang wurde in den darauffolgenden Reaktionen wiederholt. Die Immobilisierung ermöglicht eine einfache Trennung von Katalysator und Produktlösung und die in Tabelle 7 zusammengefassten Ergebnisse zeigen, dass der heterogene Katalysator mehrfach wiederverwendet werden konnte. Die Trennung und Rückgewinnung von monomeren Phosphorsäuren ist dagegen nur über eine aufwendige säulenchromatographische Reinigung möglich. Innerhalb einer Messreihe kam es zu einem leichten Anstieg der Enantioselektivität. Diese Beobachtung konnte in einer zweiten Messreihe reproduziert werden und könnte darauf zurückzuführen sein, dass verbliebene Säurereste aus der Aufarbeitung nach der Polymerisation in geringem Umfang die racemische Hintergrundreaktion katalysieren. Durch die Reaktionslösung bzw. die an der Reaktion beteiligten Amine und den nachfolgenden

Waschprozess könnte es zur Abnahme der Verunreinigung kommen, was den Anstieg der Enantioselektivität erklären würde.

Tabelle 7: Versuche zur Wiederverwendbarkeit der Katalysatoren mit dem Polymer **P21-POH-c**.[a]

Eintrag	Reaktion	Ums. (1. Reihe)[b] [%]	ee (1. Reihe)[c] [%]	ee (2. Reihe)[c] [%]
1	Reaktion 1	quant.	47	48
2	Reaktion 2	quant.	54	49
3	Reaktion 3	quant.	55	54
4	Reaktion 4	97	56	54

[a] Reaktionsbedingungen: **33** (1.25 eq.), **P21-POH-c** (5 mol%), RT, 24 h; [b] Bestimmt über ^{1}H-NMR-Analyse; [c] Bestimmt über HPLC-Analyse (Chiracel OD-H).

Um auszuschließen, dass Teile des Polymers, die weniger stark vernetzt sind, ausgewaschen und bei der Trennung verloren gehen, wurden sogenannte „Hot-extraction"-Experimente durchgeführt. Ziel war es zu beweisen, dass tatsächlich eine heterogene Reaktion vorliegt und kein Leaching des Katalysators auftritt. Bei der „Hot-extraction"-Methode wird der heterogene Katalysator aus der Reaktionslösung entfernt, bevor ein vollständiger Umsatz erreicht ist. Die verbleibende Reaktionslösung wird dann nach einiger Zeit auf weiteren Umsatz hin untersucht. Bei den in Tabelle 8 gezeigten Versuchen, wurde die Reaktionslösung nach 5 h bei Raumtemperatur filtriert. Mit einem Teil der Lösung wurde sofort der Umsatz bestimmt. Der andere Teil der Reaktionslösung wurde erst nach weiteren 4 h bei Raumtemperatur analysiert.

Unabhängig vom eingesetzten Polymer blieb der Umsatz in den 4 h nach der Abtrennung des heterogenen Katalysators unverändert. Die Reaktion in Eintrag 1 war bereits weit fortgeschritten und daher wenig aussagekräftig. Die Beispiele in den Einträgen 2-4 belegen aber eindeutig, dass die Katalyse heterogener Natur war. Im Reaktionsgemisch waren keine löslichen, katalytisch aktiven Fragmente vorhanden, da sonst ein Fortschreiten des Umsatzes nach der Filtration beobachtet worden wäre. Das Polymer **P21-POH-c** war trotz seiner im Verhältnis kleinen Oberfläche reaktiver als die Copolymere **CP21-POH-a** und **CP21-POH-c**.

Bei der Verwendung der Copolymere wurde jedoch für die Berechnung der Katalysatorbeladung vereinfacht davon ausgegangen, dass die Verhältnisse der beiden Tektone in den Polymeren den bei der Polymerisation eingesetzten Verhältnissen entsprechen. Eine exakte Korrelation der Reaktivität und Selektivität mit der eingesetzten Katalysatormenge ist demnach nur für die reinen Polymere korrekt. Der direkte Vergleich der Reaktionsgeschwindigkeiten und der Bezug zur spezifischen Oberfläche der Katalysatoren sind bei den Copolymeren nicht möglich.

Tabelle 8: „*Hot-extraction*"-Experimente.[a]

Eintrag	Katalysator	BET [$m^2\ g^{-1}$]	Ums. (5 h)[b] [%]	Ums. (9 h)[b] [%]
1	P21-POH-c	88	96	96
2	CP21-POH-a	798	81	81
3	CP21-POH-c	1247	85	85
4	CP21-POH-c [c]	1247	85	85

[a] Reaktionsbedingungen: 33 (1.25 eq.), Katalysator (5 mol%), RT; Filtration des Reaktionsgemischs nach 5 h; [b] Bestimmt über ^{1}H-NMR-Analyse; [c] Reaktionslösung wurde geschüttelt und nicht gerührt.

Das Polymer **CP21-POH-c** wurde in einer der Reaktionen nicht gerührt, sondern nur geschüttelt, um zu überprüfen, ob die makroskopische Beschaffenheit der Polymere eine Auswirkung auf die Reaktivität der Polymere hat. Bei den Reaktionen des Polymers **CP21-POH-c** wurde jedoch unabhängig davon, ob es zum Pulver vermahlen wurde oder nicht, der gleiche Umsatz erreicht (Einträge 3-4). Die Ergebnisse zeigen, dass die durchgeführten Katalysen tatsächlich heterogen waren und die polymeren Katalysatoren unabhängig von ihrer Handhabung leicht und vollständig durch Filtration abgetrennt werden können.

Die im Vergleich zum Monomer **7** erhöhte Enantioselektivität der heterogenen Phosphorsäuren **P21-POH-a** bis **P21-POH-c**, wurde vorangehend damit interpretiert, dass sich der sterische Anspruch der Thiophensubstituenten in Folge der Polymerisation erhöht hatte. Wenn dies zutrifft ist der Abstand der polymerisierbaren Thiophengruppen zum aktiven Zentrum von entscheidender Bedeutung. Um die These zu stärken, wurden vergleichende Experimente mit dem Monomer 25 und dem entsprechenden Polymer **P26-POH**, bei denen die Thiophengruppe weiter vom aktiven Zentrum entfernt ist, durchgeführt (Tabelle 9). Der homogene Katalysator 25 lieferte einen Enantiomerenüberschuss von 35 % ee (Eintrag 1) und zeigt damit eine ähnliche Selektivität wie das Monomer 7 mit 34 % ee. Die absolute Konfiguration des Produkts 36 entsprach allerdings den Reaktionen der gängigen homogenen BINOL-Phosphorsäuren. Eine Inversion der Stereochemie wie beim Monomer 7 wurde nicht beobachtet. Bei 7 war also eindeutig der kurze Abstand bzw. die direkte Anbindung der Thiophengruppen an das BINOL-Gerüst verantwortlich für die Änderungen im stereochemischen Verlauf der Reaktionen.

Tabelle 9: Untersuchungen zum Effekt zusätzlicher Phenylgruppen in den Substituenten.[a]

Eintrag	Katalysator	Lösungsmittel	Hydridquelle	Umsatz[b] [%]	ee[c] [%]
1	25	Chloroform	33	99	35
2	25	Benzol	33	88	31
3	25	Chloroform	34	70	26
4	25	Benzol	34	8	21
5	**P26-POH**	Chloroform	33	99	22

[a] Reaktionsbedingungen: Katalysator (5 mol%), RT, 24 h; [b] Bestimmt über ^{1}H-NMR-Analyse; [c] Bestimmt über HPLC-Analyse (Chiracel OD-H).

Übereinstimmend mit den vorherigen Ergebnissen wurden bei Reaktionen mit **25** in Benzol oder mit der Hydridquelle **34** schlechtere Selektivitäten erreicht (Einträge 2-4). Die anschließende heterogene Katalyse mit dem Polymer **P26-POH** lieferte das Produkt **36** mit einer Enantioselektivität von 22 % ee. Das lässt darauf schließen, dass der größere Abstand der polymerisierbaren Gruppe verhindert hatte, dass die Polymerisation den sterischen Anspruch nahe dem Reaktionszentrum erhöhen konnte. Warum die Selektivität, wie auch in anderen Beispielen zuvor, schlechter ist als im Monomer, kann anhand der vorliegenden Ergebnisse nicht eindeutig beantwortet werden. Die Resultate bestätigen aber insgesamt den Erfolg des Konzepts, eine polymerisierbare Gruppe in direkter Nähe zum katalytisch aktiven Zentrum zu verwenden, um die Selektivität in Folge einer Polymerisation bzw. Immobilisierung positiv zu beeinflussen.

Die Polymerisation des BINOL-Derivats **6** hatte im Unterschied zur Umsetzung der Phosphorsäurechloride **21** und **26** auch ohne Zusatz eines Crosslinkers in guten Ausbeuten zu reproduzierbar herstellbaren Polymeren mit großen spezifischen Oberflächen geführt (Kapitel 1.4.1, Abbildung 10). Wie in Kapitel 1.4.2 beschrieben, wurden die BINOL-Polymere **P6-OH** und *rac*-**P6-OH** analog zur homogenen Reaktion mit Phosphoroxychlorid umgesetzt und hydrolysiert. Die Analyse der modifizierten Polymere **MP6-POH**, *rac*-**MP6-POH-a** und *rac*-**MP6-POH-b** gab jedoch keinen Aufschluss darüber, in welchem Ausmaß eine Umsetzung zur Phosphorsäure stattgefunden hatte. Die nachfolgenden Katalyseversuche sollten Aufschluss darüber geben, ob die Modifizierung der Polymere erfolgreich war (Tabelle 10). Reaktivität und Selektivität sollten außerdem mit den katalytischen Eigenschaften der zuvor getesteten Polymere verglichen werden. Während bei der Katalyse mit dem Polymer **MP6-POH** in Chloroform nach 24 h ein nahezu vollständiger Umsatz erreicht wurde, verlief die Reaktion in Benzol deutlich langsamer und erreichte nur 43 % Umsatz (Einträge 1-2). Das modifizierte Polymer katalysierte zwar die Reaktion, konnte aber im Gegensatz zu den polymerisierten Phosphorsäurechloriden keinen Enantiomerenüberschuss im Produkt erzeugen. Die Ursache könnte darin liegen, dass die Phenolfunktionen im BINOL-Monomer **6** im Unterschied zu den Phosphorsäurechlorid-Monomeren während der Polymerisation nicht über einen Ring miteinander verknüpft waren. Die Konformation des BINOL-Gerüsts war demnach während der Polymerisation nicht so stark eingeschränkt wie bei den Phosphorsäurechloriden. Es ist denkbar, dass sich der Dihedralwinkel der BINOL-Fragmente durch den Polymerisationsprozess aufgeweitet hat und in dieser Position im Netzwerk fixiert wurde. In der Folge wären die Phenolfunktionen relativ weit voneinander entfernt und eine nachträgliche Verbrückung über eine Phosphorfunktion eventuell nicht mehr möglich. Die Umsetzung mit Phosphoroxychlorid könnte dann die Phosphorylierung einzelner Phenolfunktionen zur Folge gehabt haben. Da die resultierenden Phosphorsäurefunktionen zwar die Reaktion katalysieren, aber keine chirale Information übertragen können, könnten damit die mangelnde Enantioselektivität des modifizierten Polymers **MP6-POH** erklärt werden.

Tabelle 10: Testreaktionen mit den modifizierten Polymeren.[a]

$$35 \xrightarrow[\text{Hantzsch-Ester 33}]{\text{Phosphorsäure-Polymer}} 36$$

Eintrag	Katalysator	Lösungsm.	*Hantzsch*-Ester	Ums.[b] [%]	ee[c] [%]
1[d]	MP6-POH	Chloroform	2.5 eq.	93	rac
2[d]	MP6-POH	Benzol	2.5 eq.	43	rac
3	*rac*-MP6-POH-a	Chloroform	1.25 eq.	15	-
4	*rac*-MP6-POH-b	Chloroform	1.25 eq.	65	-
5	*rac*-MP6-POH-a[e]	Chloroform	1.25 eq.	14	-

[a] Reaktionsbedingungen: Katalysator (5 mol%), RT, 24 h; [b] Bestimmt über ^{1}H-NMR-Analyse; [c] Bestimmt über HPLC-Analyse (Chiracel OD-H); [d] Katalysator (4 mol%), 16 h; [e] vor der Katalyse vermahlen.

Neben dem Polymer **MP6-POH** wurden auch die beiden racemischen Polymere *rac*-**MP6-POH-a** und *rac*-**MP6-POH-b** in der Transferhydrierung eingesetzt und *rac*-**MP6-POH-b** zeigte eine deutlich höhere Reaktivität als *rac*-**MP6-POH-a** (Einträge 3-4). *rac*-**MP6-POH-b** war vor der Umsetzung mit Phosphoroxychlorid fein vermalen worden und die höhere Aktivität deutet darauf hin, dass dadurch bei der Katalyse mehr aktive Zentren erreichbar waren. Nachträglich zerkleinertes Polymer *rac*-**MP6-POH-a** zeigte allerdings die gleiche Aktivität wie zuvor (Eintrag 5). Daraus lässt sich schließen, dass durch die Zerkleinerung des Polymers *rac*-**P6-OH** mehr funktionelle Einheiten für eine Modifikation erreichbar waren. In den BINOL-Polymeren waren demnach nicht alle Bereiche gleichermaßen zugänglich. Bei den Katalysetests mit den polymerisierten Phosphorsäurechloriden konnte hingegen keine Abhängigkeit der Aktivität oder Selektivität von der makroskopischen Beschaffenheit des Polymers festgestellt werden (Tabelle 8). Da mit dem modifizierten Polymer **MP6-POH** zudem keine Enantioselektivität erreicht werden konnte, wurde der Ansatz modifizierte Polymere zu verwenden nicht weiter verfolgt.

1.5.2 Versuche zur asymmetrischen Morita-Baylis-Hillman-Reaktion

Nicht nur chirale Phosphorsäuren sondern auch BINOL-Derivate selbst sind Brønstedsäuren und können in asymmetrischen Transformationen eingesetzt werden. Die Verwendung von unterschiedlichen BINOL-Derivaten als Katalysator für die asymmetrische Morita-Baylis-Hillman-Reaktion zählt zu den Beispielen, in denen eine organokatalytische Variante eine Alternative zur Lewissäure-Katalyse darstellt.[153-155]

Tabelle 11: Versuche zur asymmetrischen Morita-Baylis-Hillman-Reaktion.[a]

Eintrag	Katalysator	R	Ausbeute [%]	ee[b] [%]
1	(R)-BINOL	H	73	31
2	6	3-Thienyl	43	2
3	30	CN	42	5
4	**P6-OH**	Poly-3-thienyl	40	9

[a] Reaktionsbedingungen: **41** (2 eq.), **42** (1 eq.), P(Et)$_3$ (5 eq.), Katalysator (10 mol%), THF, -10 °C, 48 h; [b] Bestimmt über HPLC-Analyse (Chiracel OD-H).

Während bereits das unsubstituierte BINOL in Verbindung mit einem geeigneten Alkylphosphan die Reaktion mit einem Enantiomerenüberschuss von 31 % katalysiert, kann die Selektivität durch sterisch anspruchsvolle Substituenten in der 3- und 3'-Position oder eine partielle Hydrierung des BINOL-Gerüsts weiter erhöht werden.[66, 156] Nachdem die in der Literatur angegebene Selektivität von (R)-BINOL reproduziert wurde (Tabelle 11,

Eintrag 1), wurden die homogenen Katalysatoren **6** und **30** unter identischen Bedingungen in der Reaktion eingesetzt (Einträge 2-3). In beiden Fällen sank jedoch die Enantioselektivität gegenüber BINOL und das Produkt wurde annähernd racemisch gebildet. Die Verwendung des heterogenen Katalysators **P6-OH** führte zur leichten Erhöhung des Enantiomerenüberschusses auf 9 % (Eintrag 4). Insgesamt waren die Selektivitäten der neuen Katalysatoren aber zu gering, um dieses Thema weiter zu verfolgen.

1.5.3 Versuche zur asymmetrischen Alkylierung von Aldehyden

Die Alkylierung von Aldehyden wird im Allgemeinen durch einen nukleophilen Angriff einer Organometallverbindung wie z.B. einer Grignardverbindung erreicht. Für eine asymmetrische Alkylierung sind Grignardverbindungen jedoch nur bedingt geeignet. Ihre hohe Reaktivität führt im Allgemeinen durch die schnelle racemische Hintergrundreaktion zu schlechten Enantioselektivitäten.[61, 62] Eine weit verbreitete Methode, die gute Selektivitäten zeigt, ist die Titan-vermittelte Addition von Dialkylzinkverbindungen an Aldehyde.[58-60] Die Alkylreste des Zinkorganyls werden durch Transmetallierung auf einen chiralen Titankomplex übertragen, der anschließend mit dem Aldehyd reagiert. Die am häufigsten eingesetzten Liganden für diese Titankomplexe sind BINOL-Derivate, so dass diese Reaktion unter anderem zu einer klassischen Testreaktion für heterogene BINOL-Varianten geworden ist.[60] Die hergestellten BINOL-Katalysatoren sollten daher in der asymmetrischen Alkylierung von Benzaldehyd getestet werden.

Zunächst wurde die Reaktion als Referenz mit (*R*)-BINOL durchgeführt (Tabelle 12, Eintrag 1). Der Enantiomerenüberschuss der Reaktion lag mit 84 % im Bereich der in der Literatur angegebenen Werte. Unter identischen Reaktionsbedingungen wurde das Polymer **P6-OH** als heterogener Ligand für die asymmetrische Alkylierung von Benzaldehyd eingesetzt. Das Produkt wurde allerdings bei der Reaktion in Toluol und in DCM als racemisches Gemisch gebildet (Einträge 2-3). Ein anschließender Test mit dem entsprechenden Monomer **6** lieferte im Gegensatz zu (*R*)-BINOL ebenfalls ein racemisches Produkt (Eintrag 4).

Tabelle 12: Versuche zur asymmetrischen Addition von Diethylzink an Benzaldehyd.[a]

Eintrag	Katalysator	R	Lösungsmittel	Ausbeute [%]	ee[b] [%]
1	(R)-BINOL	H	Toluol	50 %	84 %
2	P6-OH	Poly-3-thienyl	Toluol	35 %	rac
3	P6-OH	Poly-3-thienyl	DCM	32 %	rac
4	6	3-Thienyl	Toluol	71 %	rac
5	24	3-Thienylphenyl	Toluol	32 %	rac

[a] Reaktionsbedingungen: Titan*iso*propylat (1.5 eq.), Diethylzink (2.5 eq.), Katalysator (8 mol%), 0 °C, 24 h;
[b] Bestimmt über HPLC-Analyse (Chiracel OD-H).

Die Thiophensubstituenten wirkten sich wie auch bei der Morita-Baylis-Hillman-Reaktion (Kapitel 1.5.2) negativ auf die Reaktion aus. Die Ergebnisse der durchgeführten Reaktionen können jedoch nicht differenzieren, ob bereits die Ausbildung eines chiralen Titankomplexes verhindert wird oder dieser nicht in der Lage ist, seine chirale Information zu übertragen. Versuche ohne Katalysator zeigten außerdem analog zu publizierten Beispielen, dass bereits das eingesetzte Titan*iso*propylat in der Lage ist, die Reaktion zu katalysieren.[58] Ein chiraler Ligand muss also die Reaktivität der Titanspezies steigern, um trotz der racemischen Hintergrundreaktion einen Enantiomerenüberschuss zu erreichen. Es könnte daher auch sein, dass ein mit dem Liganden 6 gebildeter Titankomplex durch die Thiophensubstituenten zu unreaktiv ist, um mit der Hintergrundreaktion zu konkurrieren. Als mögliche Ursache für den negativen Einfluss kommen vor allem die koordinierenden Eigenschaften der Schwefelatome in Frage. Die Metallionen im Reaktionsgemisch, vor allem das chalcophile Zink, könnten mit den freien Elektronenpaaren am Schwefel wechselwirken. Ob bezüglich der Selektivität der Katalyse der Abstand zwischen Thiophen und den Phenolfunktionen eine Rolle spielt, sollte eine Testreaktion mit dem Monomer 24 zeigen, denn in diesem Liganden sind die Thiophengruppen weiter vom reaktiven Zentrum entfernt. Die homogene Katalyse mit dem

Liganden **24** führte allerdings wie auch die Reaktionen zuvor zur Bildung des racemischen Produkts. Die Anwesenheit von Thiophengruppen scheint sich also generell negativ auf die Katalyse auszuwirken. Wie auch bei der Morita-Baylis-Hillman-Reaktion kann das Ausbleiben einer chiralen Induktion in den heterogenen Reaktionen mit **P6-OH** daher nicht zwangsläufig auf die Immobilisierung des Monomers in einem Netzwerk, sondern vor allen Dingen auf die Monomerstruktur selbst zurückgeführt werden.

1.6 Zusammenfassung und Ausblick

In Teil 1 dieser Arbeit wurde die Entwicklung chiraler, katalytisch aktiver Polymere mit intrinsischer Mikroporosität vorgestellt. Die oxidative Kupplung von Thiophenen erwies sich im Gegensatz zur Trimerisierungsreaktion von Nitrilfunktionen als geeignete Polymerisationsreaktion und tolerierte alle benötigten funktionellen Gruppen. Die Wahl des BINOL-Gerüsts mit polymerisierbaren Thienyl-Substituenten in 3,3'-Position als allgemeine Tektonstruktur führte zum erfolgreichen Aufbau von mikroporösen Materialien mit großen spezifischen Oberflächen. Während die Polymerisation der BINOL-Monomere **6** und **24** problemlos durchgeführt werden konnte, war die direkte Polymerisation der Thienyl-substituierten BINOL-Phosphorsäuren **7** und **25** auf Grund ihrer eingeschränkten Löslichkeit nicht möglich. In der Polymerisation der entsprechenden Phosphorsäurechloride **21** und **26** wurde aber eine allgemein anwendbare Methode gefunden, um dieses Problem zu umgehen. Dies bestätigte sich bereits bei verwandten Strukturen mit ähnlichem Aufbau, die nicht mehr Teil dieser Arbeit sind. Ohne Crosslinker hergestellte Polymere zeigten spezifische Oberflächen von maximal 560 $m^2\,g^{-1}$ mit einem Porenvolumen von 0.39 $cm^3\,g^{-1}$ (BINOL-Polymer **P6-OH**). Die Zugabe von 1,3,5-Tris(2-thienyl)benzol (**32**) als Crosslinker führte zu einer deutlichen Erhöhung der Porosität und zu spezifischen Oberflächen von maximal 1247 $m^2\,g^{-1}$ mit einem Porenvolumen von 1.04 $cm^3\,g^{-1}$ (Copolymer **CP21-POH-c**). Hier konnte zudem ein synergistischer Effekt des Phosphorsäurechlorids **21** und des Linkers **32** beobachtet werden, da das Copolymer **CP21-POH-c** eine größere spezifische Oberfläche hatte als die Polymere, die jeweils nur aus einem der beiden Tektone hergestellt wurden. Die synthetisierten Polymere wurden in Hinblick auf ihre Aktivität und Enantioselektivität als heterogene Katalysatoren in verschiedenen asymmetrischen Reaktionen untersucht. Die Reaktionen wurden ebenfalls mit den katalytisch aktiven Monomeren durchgeführt, um homogene und heterogene Katalyse miteinander zu vergleichen. Bei der Morita-Baylis-

Hillman-Reaktion und der Addition von Diethylzink an Benzaldehyd konnten in keiner der Katalysen mit dem BINOL-Polymer **P6-OH**, den Thiophen-Monomeren **6** und **24** oder dem Nitril-Monomer **30** signifikante Enantiomerenüberschüsse erzeugt werden. Die polymeren Phosphorsäuren konnten dagegen erfolgreich in der asymmetrischen katalytischen Transferhydrierung von 3-Phenyl-2H-1,4-benzoxazin (**35**) eingesetzt werden (Tabelle 13). Die Ergebnisse stellen die ersten Beispiele für eine enantioselektive Organokatalyse mit mikroporösen organischen Polymeren dar.

Tabelle 13: Vergleich der homogenen und heterogenen katalytischen Transferhydrierung von **6**.

Eintrag	R	Monomer	Polymer
1	(thiophene)	quant. Umsatz -34 % ee[a]	quant. Umsatz max. 60 % ee
2	(phenyl-thiophene)	quant. Umsatz 35 % ee	quant. Umsatz 22 % ee

[a] Ein negativer Wert bedeutet inverse Konfiguration des Stereozentrums.

Darüber hinaus zeigten die Polymere **P21-POH-a** und **P21-POH-b** eine höhere Enantioselektivität als die entsprechende homogene Phosphorsäure **7** (Eintrag 1). Der Vergleich der modifizierten Phosphorsäure-Katalysatoren **25** und **P26-POH**, in denen die polymerisierbare Gruppe einen größeren Abstand vom aktiven Zentrum hat, zeigte diesen Effekt hingegen nicht mehr (Eintrag 2). Diese Ergebnissen bestätigen das Konzept, den sterischen Anspruch der 3- und 3'-Substituenten durch die Polymerisation geeigneter funktioneller Gruppen zu erhöhen, um damit die Selektivität eines monomeren Katalysators zu verbessern. Die Polymerisation des Monomers **21** sorgte damit nicht nur für die

Immobilisierung des homogenen Organokatalysators in einem porösen Netzwerk, sondern verbesserte im selben Schritt auch seine katalytischen Eigenschaften. Eine Steigerung der Selektivität in Folge der Immobilisierung eines Katalysators wurde bisher nur in wenigen Beispielen beschrieben.[157, 158]

Die hergestellten Katalysatoren erreichten zwar geringere Enantiomerenüberschüsse als die von *Rueping* und Mitarbeitern vorgestellte heterogene BINOL-Phosphorsäure Poly-C (Kapitel 1.1.6, Schema 5 b),[129] der Anspruch dieser Arbeit lag aber vor allem darin, ein neues Konzept für die Immobilisierung von Organokatalysatoren bzw. chiralen Brønstedsäuren im Speziellen zu entwickeln. Der Ansatz, gleichzeitig Chiralität und Porosität in ein Polymer einzubringen, das anschließend vollständig aus katalytisch aktiven Einheiten aufgebaut ist, konnte erfolgreich umgesetzt werden. Zudem erforderte der synthetische Zugang zu den hier verwendeten Monomeren ebenso viele Stufen wie die Synthese gebräuchlicher homogener BINOL-Phosphorsäurekatalysatoren.

In weiterführenden Arbeiten könnte die Selektivität der entwickelten Katalysatoren durch eine Variation der polymerisierbaren Substituenten optimiert werden. Vor allem Substituenten, die bereits vor der Polymerisation einen größeren sterischen Anspruch besitzen (Abbildung 15 a) und gegebenenfalls den Substituenten in den monomeren Katalysatoren nachempfunden sind (Abbildung 15 b), könnten zu einer Steigerung der Enantioselektivität führen. Die entsprechenden Bromide als Kupplungspartner für eine *Suzuki*-Reaktion sind synthetisch leicht zugänglich und die in Abbildung 15 a vorgestellte Struktur könnte außerdem durch Variation des Arylsubstituenten flexibel modifiziert werden.[159-161]

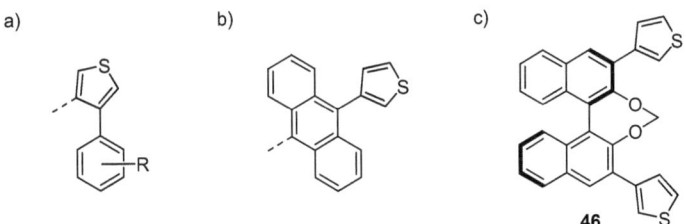

Abbildung 15: a + b) Alternative polymerisierbare Substituenten mit größerem sterischen Anspruch. c) BINOL-Derivat mit fixiertem Dihedralwinkel.

Eine weitere Möglichkeit die katalytischen Eigenschaften zu optimieren, bietet eine Derivatisierung der Phosphorsäurefunktion zu N-Triflylphosphorsäureamiden, da diese eine höhere Azidität und veränderte Reaktivität aufweisen (Kapitel 1.1.5). Die polymerisierten Phosphorsäurechloride könnten an Stelle der sauren Aufarbeitung mit Trifluormethansulfonsäureamid umgesetzt werden, um polymere Varianten dieser Katalystoren zu generieren.[109] Außerdem wäre denkbar, dass monomere N-Triflylphosphorsäureamide besser löslich sind als die freien Phosphorsäuren und direkt polymerisiert werden können. Weitere Möglichkeiten bietet das ACDC-Konzept, da man die hergestellten polymeren Phosphorsäuren ohne synthetischen Mehraufwand zusammen mit achiralen Aminen als Katalysatoren einsetzen könnte (Kapitel 1.1.5).[118-123]

In einigen Phosphorsäure-katalysierten Reaktionen lieferten Octahydro-BINOL-Katalysatoren besonders hohe Enantioselektivitäten.[82, 162, 163] Neben der Derivatisierung der Phosphorsäure bietet daher die Synthese von Monomeren mit partiell hydriertem Rückgrat eine zusätzliche Modifikationsmöglichkeit. Mit diesen Monomeren könnte außerdem untersucht werden, wie sich ein Octahydro-BINOL-Rückgrat auf die strukturellen Eigenschaften eines entsprechenden Polymers auswirkt. Es ist generell wichtig, detailliertere Informationen über den Aufbau der Polymere zu erarbeiten, da auch noch nicht aufgeklärt werden konnte, warum die Katalyse mit einigen Copolymeren und den nachträglich funktionalisierten Polymeren racemische Produkte geliefert hatte. Es wurde vermutet, dass die Ursache bei den modifizierten Polymeren in der fehlenden Verknüpfung der beiden Phenolfunktionen während der Polymerisation lag (Kapitel 1.5.1). Die Polymerisation der Verbindung **46** könnte neue Erkenntnisse liefern, da die Phenolgruppen hier wie in den Phosphorsäurederivaten fixiert sind (Abbildung 15 c). Die saure Aufarbeitung nach der Polymerisation sollte die Acetalschutzgruppe abspalten und direkt ein BINOL-Polymer liefern, das weiter modifiziert werden kann. Die Aufklärung der Fragestellung ist nicht nur für die Phosphorsäurekatalyse wichtig, sondern hat allgemein Bedeutung in Hinblick auf die Verwendung von quervernetzten BINOL-Polymeren als heterogene Brønstedsäuren und Liganden.

Teil 2

Immobilisierung chiraler Molybdänkatalysatoren für die Olefinmetathese

2.1 Theoretischer Hintergrund

2.1.1 Molybdänkomplexe in der Olefinmetathese

Neben Ruthenium-Benzyliden-Komplexen spielen vor allem Molybdän-Alkyliden-Komplexe eine entscheidende Rolle als Katalysatoren in der Olefinmetathese.[164-166] Molybdänkatalysatoren zeichnen sich im Allgemeinen durch ihre hohe Reaktivität aus, sind aber empfindlich gegenüber Feuchtigkeit und Sauerstoff. Rutheniumkomplexe sind im Vergleich stabiler, aber meistens weniger reaktiv. Einige Metathesereaktionen sind daher entweder nur unter Verwendung eines Molybdänkatalysators möglich oder erfordern bei einer Katalyse durch einen Rutheniumkomplex eine höhere Temperatur oder Katalysatorbeladung. Bezüglich der Toleranz funktioneller Gruppen sind die Eigenschaften der beiden Katalysatorklassen oftmals komplementär. Molybdänkatalysatoren können z.B. nicht in Gegenwart freier Alkoholfunktionen oder Carbonylgruppen eingesetzt werden. Sie tolerieren aber in vielen Fällen basische Aminogruppen[167, 168], Thioether[169, 170] oder Phosphane[171]. Vor allem basische Aminogruppen führen hingegen bei Rutheniumkomplexen häufig zu deren Inhibierung oder Zersetzung.[172, 173] Dafür können Substrate mit ungeschützten Sauerstofffunktionen wie Alkohole und sogar Carbonsäuren eingesetzt werden.[174-176] Zu den oben beschriebenen Trends gibt es eine Reihe von Ausnahmen und welcher Katalysator in einer Olefinmetathese letztendlich am effizientesten ist, hängt von der spezifischen Substratstruktur ab und kann durch ein Katalysatorscreening ermittelt werden.[164]

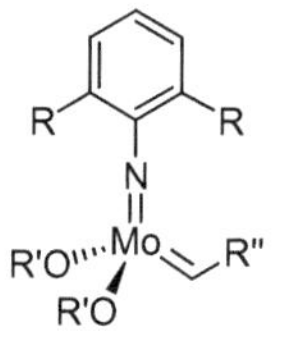

Gängige Substituenten:

R = ^{i}Pr, Me
R' = Alkyl, Aryl (sperrig)
R'' = ^{t}Bu, CMe$_2$Ph

Abbildung 16: Allgemeine Struktur einiger Molybdän-Metathese-Katalysatoren.

Die allgemeine Struktur von Molybdän-Metathese-Katalysatoren umfasst einen Alkylidenliganden, einen Imidoliganden und zwei Alkoxyliganden oder einen bidentaten Alkoxyliganden (Abbildung 16). Alle Liganden sind kovalent an das Zentralatom gebunden und müssen sterisch anspruchsvoll sein, um bimolekulare Zersetzungsreaktionen zu unterdrücken. Bei kleineren Resten sind die Komplexe instabil oder können nur als

Lewisbase-Addukte mit z.B. THF oder Stickstoffheterocyclen wie Pyridin isoliert werden.[177-180] Elektronenarme Alkoxygruppen begünstigen ebenfalls eine Adduktbildung, wirken sich aber generell positiv auf die katalytische Aktivität der Katalysatoren aus.[164] Die starke Substratabhängigkeit der Metathesereaktion macht in vielen Fällen ein Katalysatorscreening notwendig. Als Folge wurden bereits einige hundert Molybdän-Alkyliden-Komplexe hergestellt und erfolgreich in vielen verschiedenen Olefin-Metathesereaktionen eingesetzt.[164] Darunter sind z.b. die Ringöffnung-Metathese (ROM), die Ringschluss-Metathese (RCM), die Kreuzmetathese (CM) und die Ringöffnungs-Metathese-Polymerisation (ROMP).[181-183]

2.1.2 Enantioselektive Olefinmetathese mit chiralen Molybdänkomplexen

Die ersten chiralen Molybdänkatalysatoren wurden zunächst nicht für eine asymmetrische Reaktion entwickelt, sondern um in einer ROMP die Taktizität des Polymers besser steuern zu können (Abbildung 17 a-b).[184, 185] Die beiden Alkoxyliganden wurden durch bidentate axial chirale Liganden mit C_2-Symmetrie ausgetauscht. Nachfolgend wurden E, F und ähnliche Komplexe unter anderem in der kinetischen Racematspaltung, in der asymmetrischen Ringöffnungs-Metathese (AROM) und in der asymmetrischen Ringöffnungs-Kreuzmetathese eingesetzt (AROCM).[166, 183, 186, 187]

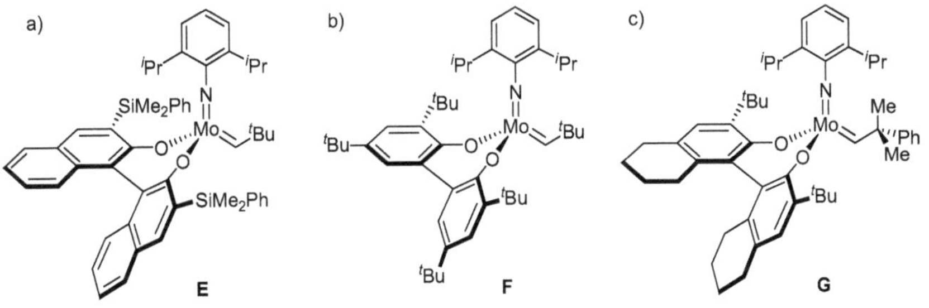

Abbildung 17: a + b) Erste chirale Molybdän-Alkyliden-Komplexe; c) Weiterentwickelter Biphenolkomplex

Entscheidend für die Stabilität und Enantioselektivität der Katalysatoren sind vor allem die sperrigen Substituenten in 3- und 3'-Position der BINOL- bzw. Biphenolliganden und eine Optimierung der Selektivität wird im Allgemeinen am besten durch Variation der Substituenten in den Alkoxyliganden erreicht.[164] Die Synthese einer breiten Palette an

Biphenolkomplexen des Typs **F** ist allerdings im Vergleich zu BINOL-Liganden dadurch eingeschränkt, dass die Synthese enantiomerenreiner Biphenole eine Derivatisierung mit anschließender fraktionierter Kristallisation erfordert.[188] Hier stellt der Katalysator **G** eine entscheidende Weiterentwicklung dar (Abbildung 17 c).[189] Das enantiomerenrein verfügbare BINOL-Gerüst wurde als Ausgangsverbindung für die Synthese eines Biphenolliganden genutzt. **G** konnte erfolgreich in der kinetischen Racematspaltung und asymmetrischen Desymmetrisierung eingesetzt werden und zeigte ähnliche Eigenschaften wie Biphenolkatalysatoren des Typs **F**. In vielen Fällen konnten sogar bessere Selektivitäten als mit den zuvor verfügbaren Katalysatortypen erreicht werden.[189] Das neue Katalysator **G** konnte außerdem einfach vor einer Reaktion *in situ* aus einem Molybdänvorläufer und dem Dikaliumsalz des Biphenolliganden generiert werden.[189] Weitere Fortschritte konnten durch die Entwicklung von Dipyrrolid-Komplexen wie **H** erzielt werden, deren Liganden sehr effizient und selektiv gegen Alkoxyliganden ausgetauscht werden können (Schema 21).[190] Auf Grundlage dieser Arbeiten wurden 2008 erstmals Monoalkoxykomplexe wie die Verbindungen **L**, **M** und **N** hergestellt.[191] Diese Schrock-Katalysatoren der neusten Generation zeichnen sich durch eine signifikante Steigerung der Reaktivität und Enantioselektivität im Vergleich zu vorangegangenen Katalysatorgenerationen aus.[166]

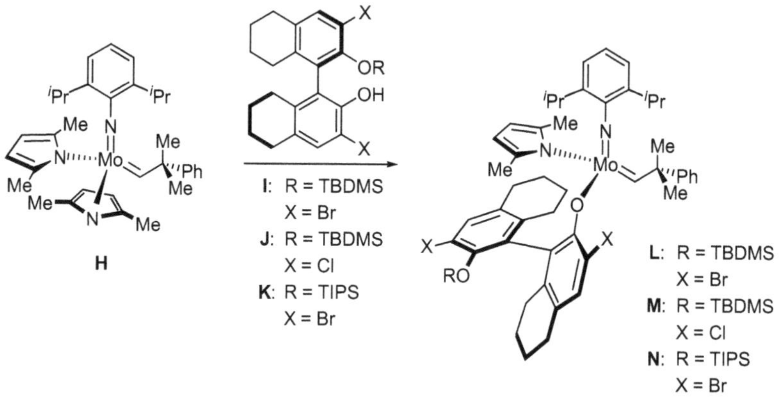

Schema 21: Synthese von Molybdänkatalysatoren mit einem monodentaten Alkoxyliganden.

Die hohe katalytische Reaktivität der in Schema 21 dargestellten Molybdänkomplexe wird durch die Flexibilität der ausschließlich monodentaten Liganden und durch das

Zusammenwirken ihrer Donor- und Akzeptoreigenschaften erklärt. In einer Reihe von anspruchsvollen Metathesereaktionen sind sie bis heute die einzigen Katalysatoren, die hohe Ausbeuten und Enantioselektivitäten erreichen.[192, 193] Ein Beispiel hierfür ist eine enantioselektive RCM als Schlüsselschritt in der Totalsynthese von (+)-Quebrachamin (Schema 22 a).[194] Ein weiteres besonderes Merkmal dieser Komplexe ist das stereogene Zentrum am Metallatom, das bedingt durch die ausschließlich kovalent gebundenen Liganden konfigurationsstabil ist und für die Stereoselektivität der Katalysatoren verantwortlich ist.[191, 193] Vergleiche zeigen außerdem, dass die Methylgruppen am Pyrrolidliganden und das partiell hydrierte BINOL-Rückgrat von entscheidener Bedeutung für hohe Enantioselektivitäten sind. Sie sind daher ein festgelegtes Strukturmerkmal und eine Feineinstellung der Katalysatoren erfolgt über die Wahl der Silylschutzgruppe und der Halogensubstituenten (Schema 22 b).

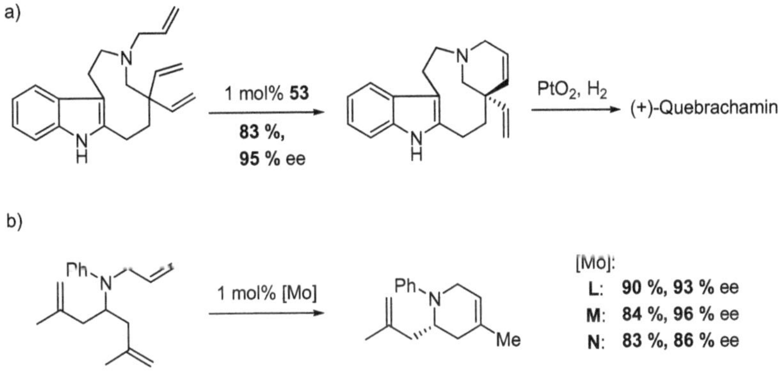

Schema 22: a) Enantioselektive RCM in der Totalsynthese von (+)-Quebrachamin; b) Enantioselektive RCM in Gegenwart eines tertiären Amins.[195]

2.1.3 Immobilisierte Molybdänkatalysatoren in der Olefinmetathese

Die Entwicklung heterogener Metathesekatalysatoren ist von großer Bedeutung, da sie vor allem im industriellen Bereich entscheidend zur Erweiterung des Anwendungsspektrums der Olefinmetathese beitragen kann.[196-198] Ein wichtiger Aspekt ist neben der Wiederverwendbarkeit von heterogenen Katalysatoren vor allem eine geringere Kontamination des Produkts mit Metallionen.[199] Außerdem besteht die Chance durch die räumliche Separation der einzelnen Katalysatormoleküle bimolekulare Zersetzungsreaktionen zu unterdrücken und damit die Effizienz der Katalysatoren zu steigern.[183, 200] Eine Wiederverwendbarkeit spielt vor allem im Bereich der enantioselektiven Metathese eine wichtige Rolle, da chirale Liganden bzw. Komplexe meist sehr aufwendig herzustellen sind. Auf Grundlage der in Abbildung 16 gezeigten Komplexstruktur sind für die Immobilisierung von Molybdänkatalysatoren drei verschiedene Strategien denkbar. Die Verknüpfung zu einem Polymer kann prinzipiell über den Imidoliganden, den Alkoxyliganden oder den Alkylidenliganden erfolgen.[198] Die ersten heterogenen chiralen Metathesekatalysatoren wurden 2002 von *Schrock*, *Hoveyda* und Mitarbeitern veröffentlicht.[201] Sie polymerisierten einen Styrol-substituierten Biphenolliganden über eine Radikalreaktion und setzten das Polymer anschließend mit geeigneten Molybdänkomplexen um (Abbildung 18 a). Die immobilisierten Katalysatoren konnten anschließend erfolgreich in enantioselektiven Metathesereaktionen wie der AROCM oder der ARCM eingesetzt werden.[197] Die Verknüpfung über einen Alkoxysubstituenten ist seit dem die am häufigsten verwendete Immobilisierunsstrategie, wobei die Liganden vorher entweder auf ein vorgeformtes Polymer aufgebracht (Grafting) oder durch Copolymerisation direkt in ein Polymer eingebaut wurden.[198]

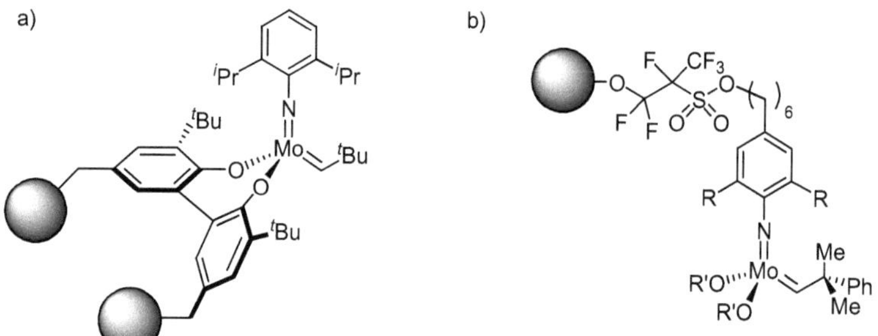

Abbildung 18: a) Immobilisierung über den Imidoliganden; b) Immobilisierung über den Alkoxyliganden.

Als Alternative zu polymeren Alkoxyliganden ermöglicht eine Anbindung über den Imidoliganden eine flexible Wahl der Alkoxyliganden und ist im Hinblick auf ein Katalysatorscreening von Vorteil (siehe Kapitel 2.1.2). Dieser Ansatz konnte allerdings bisher nur über eine relativ kompliziert aufgebaute Verbrückung zum Polymer umgesetzt werden (Abbildung 18 b).[202] In diesem Beispiel wurde im Gegensatz zu den meisten anderen Methoden nicht der Ligand sondern der fertige Komplex in ein Polymer eingebaut.

Buchmeister und Mitarbeitern nutzten in ihren Arbeiten im Unterschied zur radikalischen Polymerisation eine ROMP, um heterogene Metathesekatalysatoren zu synthetisieren.[198] Sie stellten zahlreiche chirale Biphenolliganden her, die mit Norbornensubstituenten verknüpft wurden. Die Polymerisation der Norbornengruppen erfolgte mit Hilfe von Rutheniumkatalysatoren, da diese die freien Phenolgruppen tolerierten. Die Liganden wurden unter anderem auf vorgefertigte Monolith-Polymere aufgebracht, die sich gut für „*Continuous-Flow*"-Verfahren oder ein Katalysatorscreening eignen.[203, 204] Darüber hinaus konnte über die ROMP eines polymerisierbaren Liganden ohne weitere Zusätze ein polymerer Feststoff hergestellt werden, der vollständig aus funktionellen Molekülen bestand (Schema 23).[205] Die Reaktion mit einem Molybdänkomplex führte zu einem 55-prozentigen Umsatz aller Phenolgruppen und zu einer außergewöhnlich hohen Katalysatorbeladung von 0.552 mmol g^{-1}. Der heterogene Katalysator zeigte anschließend eine hohe Aktivität und Selektivität in enantioselektiven Ringschlussmetathesen.[205]

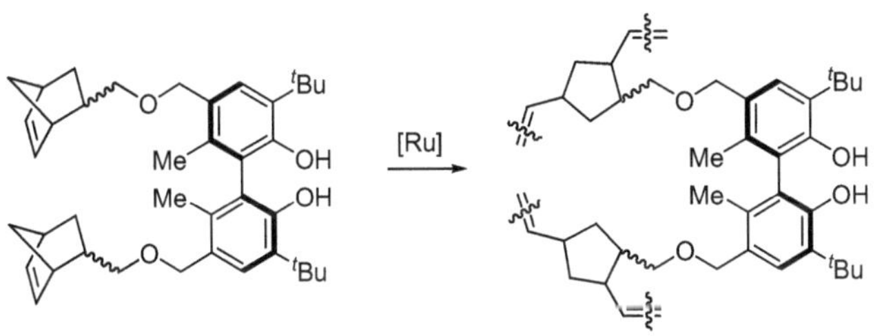

Schema 23: Immobilisierung eine Biphenolliganden über eine Ruthenium-katalysierte ROMP.

Im Gegensatz zu heterogenen Molybdän-Katalysatoren mit bidentaten Alkoxyliganden wurden bisher keine immobilisierten Varianten der neuen Katalysatorgeneration mit monosilylierten Octahydro-BINOL-Liganden beschrieben.

2.2 Zielsetzung und Konzept

Im Rahmen der vorliegenden Arbeit sollten polymerisierbare Octahydro-BINOL-Liganden entwickelt werden, die eine Immobilisierung der in Schema 21 gezeigten chiralen Metathesekatalysatoren ermöglichen (Kapitel 2.1.2). Um die Reaktivität und Selektivität der homogenen Katalysatoren zu erhalten, sollte die Modifikation unter Erhalt aller wichtigen Strukturmerkmale der in Schema 21 gezeigten Liganden **I**, **J** und **K** durchgeführt werden. Als Polymerisationsreaktion sollte die ROMP von Norbornen-Derivaten dienen. Sie hatte sich gegenüber der Immobilisierung durch eine radikalische Polymerisation überlegen gezeigt und ermöglichte den Aufbau von Polymeren, die vollständig aus chiralen Liganden bestanden.[205] Das Ziel war daher, einen Norbornensubstituenten in geeigneter Weise mit dem Octahydro-BINOL-Gerüst des Liganden zu verknüpfen.

Wie man den Arbeiten von *Schrock* und Mitarbeitern entnehmen kann, ist der entscheidende Aspekt der neuen Katalysatorgeneration die Blockierung einer der beiden Phenolgruppen mit einer Schutzgruppe, so dass keine bidentate Bindung des Liganden an den Molybdänkomplex erfolgen kann (Abbildung 19). In fast allen Fällen wurde die sperrige TBDMS-Gruppe verwendet und es ist anzunehmen, dass der sterische Einfluss der Schutzgruppe eine wichtige Rolle spielt. Die Silylgruppe wurde allerdings bis auf wenige Reaktion mit einem Tri-*iso*-propylsilyl-geschützten Liganden nicht variiert. Ein weiteres wichtiges Strukturmerkmal sind die Halogensubstituenten in 3- und 3'-Position. Die Variation der Halogene führte zu unterschiedlichen Enantioselektivitäten und Aktivitäten der Katalysatoren,[206] während mit halogenfreien Liganden keine selektive Katalysatorsynthese aus den Dipyrrolid-Vorläufern möglich war.[191]

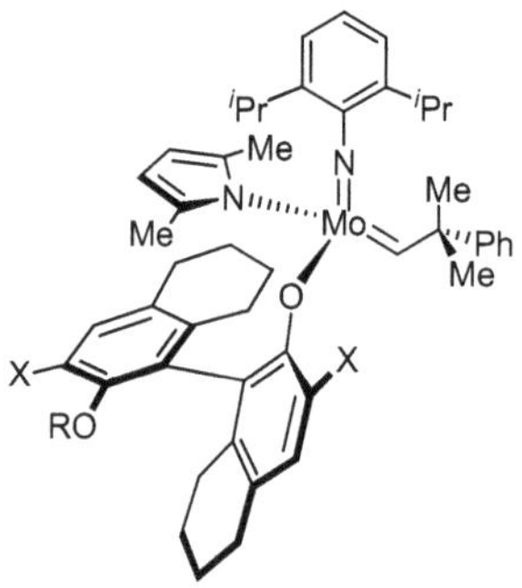

L: R = TBDMS
X = Br

M: R = TBDMS
X = Cl

N: R = TIPS
X = Br

Abbildung 19: Schrock-Molybdän-Katalysator der neusten Generation mit monodentatem Alkoxyliganden.

In den Schrock-Katalysatoren ist der Alkoxyligand um seine Achse verdreht und die Silylschutzgruppe zeigt vom Metallzentrum weg (Abbildung 19). Die silylierte Phenolgruppe und die benachbarte 3-Position sind dadurch weit vom Zentralatom entfernt und eine Immobilisierung an diesem Teil des Liganden ist am erfolgversprechendsten. Als erste Strategie eines polymerisierbaren Liganden wurde die Anbindung der Norborneneinheit über die Silylgruppe untersucht (Abbildung 20 a). Dieser Ansatz hat gegenüber einer direkten Anbindung der Norborneneinheit an das Octahydro-BINOL-Gerüst entscheidende Vorteile. Zum einen entspricht das Substitutionsmuster des Gerüsts genau dem des monomeren Liganden, einzig die sterischen und eventuell die elektronischen Eigenschaften der Silylgruppe werden verändert. Zum anderen kommt es lediglich zu einer kleinen Abweichung von der sehr effizienten Syntheseroute der Liganden I, J und K. Für dieses Konzept sollte ein geeignetes Silylchlorid mit einem 3,3'-Dihalogen-Octahydro-BINOL-Derivat umgesetzt werden. Die Verwendung von verschiedenen Vorläufern kann so den Zugang zu mehreren Monomeren mit variabler Halogensubstitution ermöglichen (Abbildung 20 a). Falls sich allerdings die Modifikation der Silylgruppe in den Schrock-Liganden I, J und K dennoch negativ auswirkt, könnte der alternative Ansatz in Abbildung 20 b dem ersten Ansatz überlegen sein.

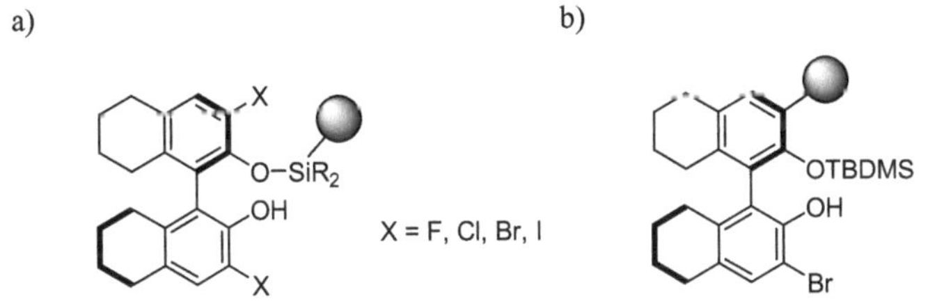

Abbildung 20: Zwei Konzepte für die Immobilisierung der Octahydro-BINOL-Liganden: a) Polymerisierbare Silylschutzgruppe; b) Polymerisierbarer Substituent in 3'-Position.

Die symmetrische Halogensubstitution in den Schrock-Liganden ist wahrscheinlich vor allem durch den einfachen synthetischen Zugang dieser Strukturen bedingt. Es ist nicht bekannt, ob beide Halogensubstituenten am Octahydro-BINOL-Gerüst benötigt werden. Das Halogenatom neben der geschützten Phenolfunktion könnte eventuell gegen einen anderen Substituenten ausgetauscht werden, ohne die Funktion des Liganden zu beeinträchtigen. Auf Grund dieser Annahmen sollte neben der Anbindung über die Silylgruppe auch das in Abbildung 20 b gezeigte Konzept zur Immobilisierung des Liganden I verfolgt werden.

2.3 Synthese der Monomere

2.3.1 Anbindung der Norborneneinheit über die Silylschutzgruppe

Ying und Mitarbeiter haben für die Immobilisierung eines Ruthenium-Metathese-Katalysators eine Silylgruppe mit einem Alkyllinker zwischen Siliziumatom und Polymer verwendet.[200] Sie konnten zeigen, dass ein geringer Abstand des Katalysators zum Polymer den Zugang der Substrate zum reaktiven Zentrum störte und zu einer deutlichen Abnahme der Reaktivität führte. Ein langer und flexibler Octyl-Linker hatte hingegen eine schlechte Wiederverwendbarkeit des heterogenen Katalysators zur Folge, die mit deaktivierenden Wechselwirkungen zwischen benachbarten Rutheniumkomplexen erklärt wurde. Optimale Ergebnisse wurden mit einem Ethyl-Linker erzielt, der in der Lage war, die Rutheniumkomplexe zu separieren und gleichzeitig genug Abstand zum Polymer zu gewährleisten. Für die Anbindung der Norborneneinheit an den Liganden sollte daher eine Silylgruppe verwendet werden, in der das Siliziumatom und das Norborngerüst über eine kurze Alkylkette miteinander verbunden sind.

Das Silylchlorid **48** enthält alle benötigten Strukturmerkmale und wurde als erstes verwendet, um eine polymerisierbare Schutzgruppe einzuführen. Als Ausgangsverbindung wurde zunächst das Biphenol **47** hergestellt, indem *R*-BINOL in quantitativer Ausbeute partiell hydriert und mit einer Ausbeute von 76 % bromiert wurde.

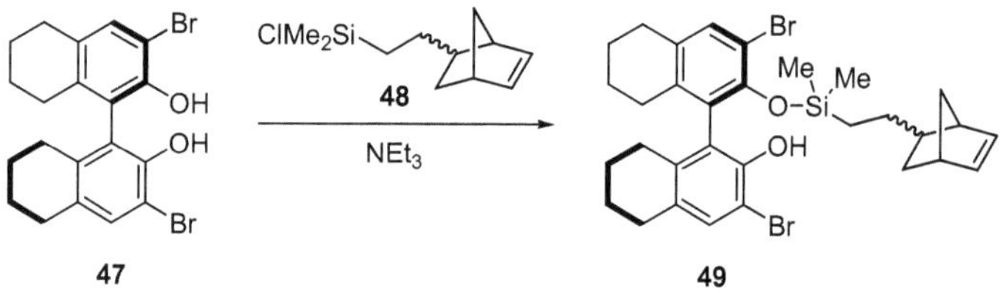

Schema 24: Umsetzung mit dem Norbornen-funktionalisierten Silylchlorid **48**.

Anschließend wurde 3,3'-Dibrom-Octahydro-BINOL (**47**) selektiv zum monosilylierten Produkt **49** umgesetzt. Zwei Äquivalente des Silylchlorids **48** und zwei Äquivalente Triethylamin erwiesen sich als optimale Reaktionsbedingungen. Mit weniger Silychlorid wurde kein vollständiger Umsatz erreicht. Die Verwendung von drei Äquivalenten

Silylchlorid führte hingegen bereits hauptsächlich zur Bildung des disilylierten Produkts. Nach säulenchromatographischer Reinigung des Rohprodukts konnte im Folgenden allerdings lediglich die Ausgangsverbindung **47** isoliert werden und auch in Lösung spaltete sich die Silylgruppe von **49** nach einiger Zeit wieder ab.

Die Stabilität von Arylsilylethern gegenüber Desilylierung wird maßgeblich durch die Größe und Sperrigkeit der Substituenten am Silizium bestimmt.[207] Die unverzweigten Alkylgruppen konnten das Siliziumatom in Verbindung **49** vermutlich nicht gut genug gegen einen nukleophilen Angriff abschirmen, um eine rasche Desilylierung zu verhindern. Eine permanente Immobilisierung des Liganden erfordert allerdings eine ausreichende Stabilität der Silylgruppe, da es sonst zu unerwünschten Leaching-Effekten kommt. In den in Schema 21 gezeigten Schrock-Liganden wird die Stabilität durch den sperrigen *tert*-Butylsubstituenten am Siliziumatom gewährleistet. Aus diesem Grund sollte der sterische Anspruch der Alkylreste am Silizium erhöht werden. *Schrock* und Mitarbeitern haben neben der TBDMS-Gruppe auch die Tri*iso*propylsilylgruppe (TIPS) erfolgreich als Schutzgruppe in ihren Liganden verwendet (Schema 22 b).[195] Die in Schema 25 gezeigte Schutzgruppe der Verbindung **51** ist der TIPS-Gruppe nachempfunden und sollte eine ähnliche sterische Abschirmung am Silizium haben und die gewünschte Stabilität aufweisen.

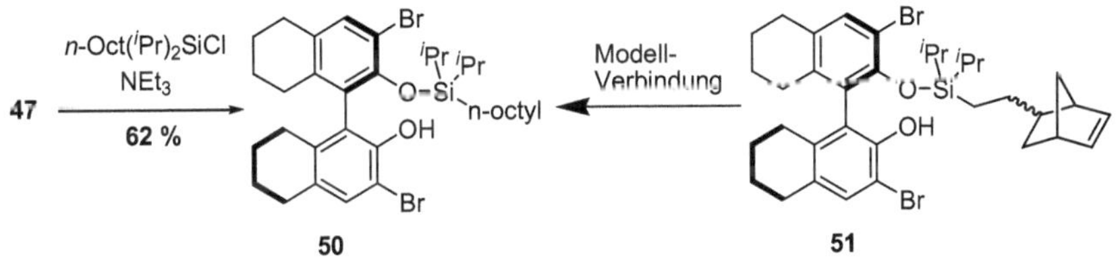

Schema 25: Verwendung von Silylgruppen mit vergrößertem sterischen Anspruch.

Als Modellverbindung wurde zunächst unter Verwendung von Dimethyl-*n*-octylsilylchlorid die Verbindung **50** hergestellt (Schema 25). Die optimierten Reaktionsbedingungen der in Schema 24 gezeigten Reaktion führten selektiv zur Monoschützung von Verbindung **47**. Der Monosilylether **50** erwies sich anschließend als ausreichend stabil und die Verwendung einer entsprechenden Silylgruppe mit angebundenem Norbornenbaustein schien daher ein vielversprechender Weg zu einer stabilen Verknüpfung eines Norbornenbausteins an das Octahydro-BINOL-Gerüst zu sein.

Das benötigte Silylchlorid **52** sollte über eine Hydrosilylierung von 5-Vinyl-2-norbornen mit Chlordiisopropylsilan hergestellt werden (Schema 26). Bei Hydrosilylierungsreaktionen reagieren bevorzugt terminale Doppelbindungen und es wird das *anti*-Markovnikov-Produkt gebildet. Da allerdings durch die Reaktion der internen Doppelbindung Ringspannung abgebaut werden würde, sind auch Nebenreaktionen am Norbornengerüst denkbar. Patente zeigen aber, dass sorgfältig optimierte Reaktionsbedingungen eine selektive Hydrosilylierung der Vinylgruppe im 5-Vinyl-2-norbornen ermöglichen können.[208, 209]

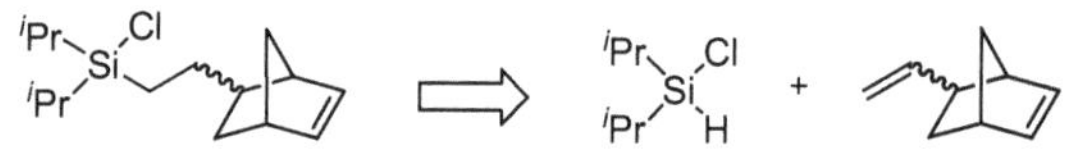

52   **53**   **54**

Schema 26: Zugang zum Silylchlorid **52** über eine Hydrosilylierungsreaktion.

In ersten Versuchen mit dem Speier-Katalysator (Dihydrogenhexachloroplatinat(IV)) stellte sich heraus, dass bei der Reaktion viele verschiedene Produkte gebildet werden. Auf Grund der Reaktivität des Silylchloridfunktionen konnte keine Säulenchromatographie für die Trennung der Produktgemische eingesetzt werden. Die ähnlichen Molgewichte und Strukturen der einzelnen Produkte hatten außerdem nahezu identische Siedepunkte zur Folge und machten auch eine Trennung über Destillation unmöglich. Die Reaktionsbedingungen wurden variiert, um die Anzahl der gebildeten Produkte nach Möglichkeit zu verringern. Die für eine Optimierung erforderliche Analyse der Produktgemische in den Testreaktionen wurde allerdings dadurch erschwert, dass 5-Vinyl-2-norbornen als nicht trennbares *exo*/*endo*-Gemisch eingesetzt werden musste. Alle Produkte bzw. Nebenprodukte wurden als Mischung der jeweiligen *exo*- und *endo*-Isomere erhalten. Eine Analyse der Silylchloride mit Hilfe von GC-MS oder HPLC-ESI konnte bedingt durch ihre Reaktivität nicht durchgeführt werden. Sowohl ^{1}H- als auch ^{13}C-NMR-Spektrometrie konnten lediglich anhand der charakteristischen Signale im Doppelbindungsbereich Informationen liefern. Die Überlagerung vieler Signale machte allerdings die Identifikation einzelner Produkte unmöglich.
Um die Produkte der Hydrosilylierungsreaktion zu identifizieren und die Reaktion optimieren zu können, wurde das Chlorsilan **53** mit Ethanol in einer Ausbeute von 64 % zum entsprechenden Ethylsilylether **55** umgesetzt. Das charakteristische Signal der Ethoxygruppe im ^{1}H-NMR-Spektrum ermöglichte in den folgenden Testreaktionen eine deutlich bessere Charakterisierung des Produktgemischs (Tabelle 14). Außerdem konnte das Produktgemisch

durch die erhöhte Stabilität der Ethylsilylether durch eine Säulenchromatographie getrennt werden. In der Folge wurde das gewünschte Produkt **56** isoliert und charakterisiert.

Tabelle 14: Untersuchungen zur Hydrosilylierung des Ethylsilylethers **55**.

Eintrag	Kat. [mol%]	Norbornen [eq.]	T [°C]	^{1}H-NMR (3.95-3.55 ppm)[a]
1	2	4	60	
2	2	4	25	
3	2	4	80	
4	1	1	60	
5	2	10	60	
6	5	4	60	
7	5	10	60	

[a] Quartett-Signal der CH$_2$-Gruppe im Ethoxysubstituenten.

Die Optimierung der Reaktion zeigte, dass nur unter eng eingegrenzten Bedingungen eine gute Selektivität erreicht werden konnte. Die ersten Tests ergaben zunächst, dass Reaktionen in Lösungsmitteln nicht zum gewünschten Produkt führten. Alle in Tabelle 14 gezeigten Versuche sind daher ohne Lösungsmittel in den pur vermischten Substraten durchgeführt worden. Die besten Ergebnisse wurden mit 2 mol % des Speier-Katalysators und 4 Äquivalenten 5-Vinyl-2-norbornen (**54**) bei 60 °C erzielt (Eintrag 1). Sowohl die leichte Erhöhung der Temperatur auf 80 °C als auch eine Erniedrigung auf Raumtemperatur führten zur signifikanten Bildung von Nebenprodukten (Einträge 2-3). Die Verwendung von stöchiometrischen Mengen an 5-Vinyl-2-norbornen (**54**) wirkte sich ebenso negativ auf die Reaktion aus wie ein Überschuss von 10 Äquivalenten (Einträge 4-5). Genauso wie das Substratverhältnis und die Temperatur wirkte sich auch die Katalysatorbeladung stark auf die Selektivität der Reaktion aus. Durch die Erhöhung der Katalysatorbeladung von 2 auf 5 mol% kam es ebenfalls verstärkt zur Bildung von Nebenprodukten (Eintrag 6). Ein ähnliches Ergebnis wurde auch bei gleichzeitiger Erhöhung der Äquivalente an 5-Vinyl-2-norbornen (**54**) erzielt (Eintrag 7). Neben dem Speier-Katalysator wurde auch der Karstedt-Katalysator untersucht. Dieser zeigte aber in den meisten Fällen schlechtere Selektivitäten und das in Eintrag 1 dargestellte Resultat konnte nicht weiter verbessert werden. Nach säulenchromatographischer Reinigung konnte das Produkt **56** in einer moderaten Ausbeute von 38 % erhalten werden. Das *endo-/exo*-Verhältnis änderte sich von 2 zu 1 im Edukt auf 7 zu 2 im Produkt. Dies wurde bereits vor der Säulenchromatographie im Rohprodukt beobachtet und könnte dadurch verursacht sein, dass im *endo*-Isomer die Vinyl-Doppelbindung besser zugänglich ist und dieses Substrat besser reagieren kann als das exo-Isomer.

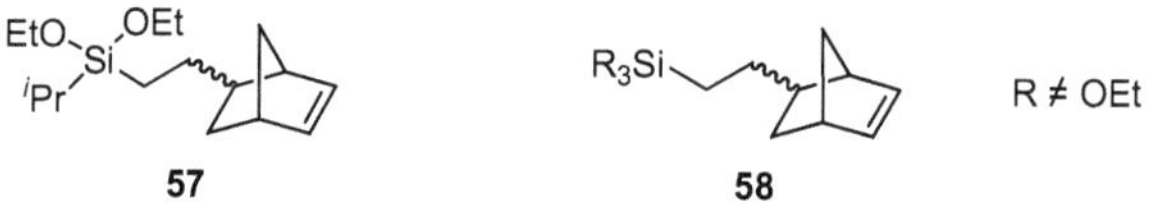

Abbildung 21: Nebenprodukte bei der Hydrosilylierung von **54** und **55**.

Als Nebenprodukte der Hydrolsilylierung mit dem Silylether **55** und dem Speier-Katalysator konnten unter anderem die Verbindungen **57** und eine unbekannte Verbindung **58**, die keine Alkoxygruppe am Silizium trägt, identifiziert werden (Abbildung 21). Daraus lässt sich unter anderem auf einen Substituentenaustausch am Silizium als Nebenreaktion schließen. Die NMR-Analyse des Rohprodukts zeigte insgesamt bei keinem der Nebenprodukte Signale für eine Vinyl-Gruppe. Die Produktgemische der vorangegangenen Reaktionen mit dem Silylchlorid **53** zeigten hingegen mehrere verschiedene Vinyl-Signale, die nicht vom Edukt 5-Vinyl-2-norbornen stammten. Die Reaktion mit dem Silylether **55** zeigte also gegenüber der Umsetzung mit dem Silylchlorid **53** bezüglich der Doppelbindungen eine deutlich höhere Selektivität zu Gunsten der Vinylgruppe. Die optimierten Reaktionsbedingungen der

Hydrosilylierung mit **55** wurden auf die Hydrosilylierung mit dem Chlorosilan **53** übertragen, die Reaktion verlief aber weiterhin nicht ohne die Bildung von nicht abtrennbaren Nebenprodukten.

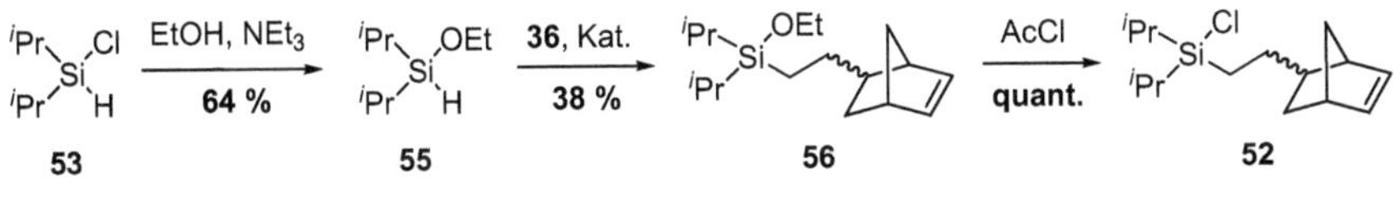

Schema 27: Synthese des modifizierten Silylchlorids **52**.

Die Synthese des gewünschten Silylchlorids **52** wurde letztendlich über den in Schema 27 gezeigten Umweg durchgeführt. Die Umsetzung von **56** mit Acetylchlorid lieferte das gewünschte Silylchlorid **52** ohne Nebenprodukte und mit einer Gesamtausbeute von 24 % über drei Stufen. Mit der neuen Schutzgruppe gelang abschließend die Synthese des polymerisierbaren Schrock-Liganden **51** als Diastereomeren- und endo-/exo-Gemisch in 58 % Ausbeute. Dieser zeigte eine gute Stabilität, wie z. B. bei einer Säulenchromatographie, und ist daher geeignet für nachfolgende Polymerisationsexperimente.

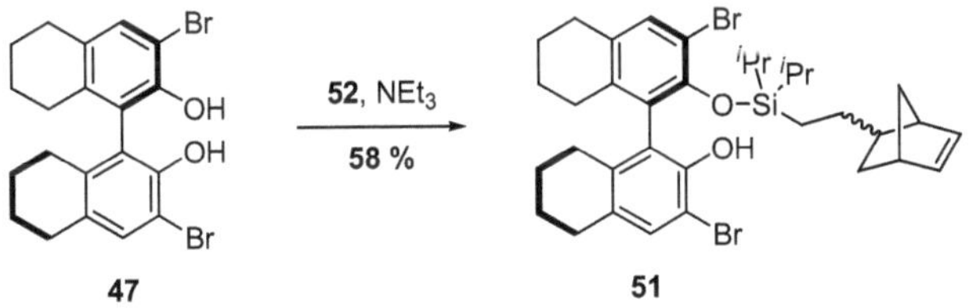

Schema 28: Synthese des polymerisierbaren monodentaten Alkoxyliganden **51**.

2.3.2 Anbindung der Norborneneinheit über einen 3'-Aryl-Substituenten.

Neben einer Anbindung der Norbornengruppe über die Silylgruppe wurde auch eine Verknüpfung zur benachbarten 3'-Position des Octahydro-BINOLs untersucht. Um den notwendigen Abstand von Norbornen und BINOL-Gerüst zu gewährleisten, sollte die Verknüpfung über einen eingeschobenen aromatischen Ring erfolgen. Als Zielstruktur wurde die Verbindung **59** gewählt, deren Arylsubstituent über eine Kreuzkupplungs-Reaktion eingeführt werden kann (Schema 29).

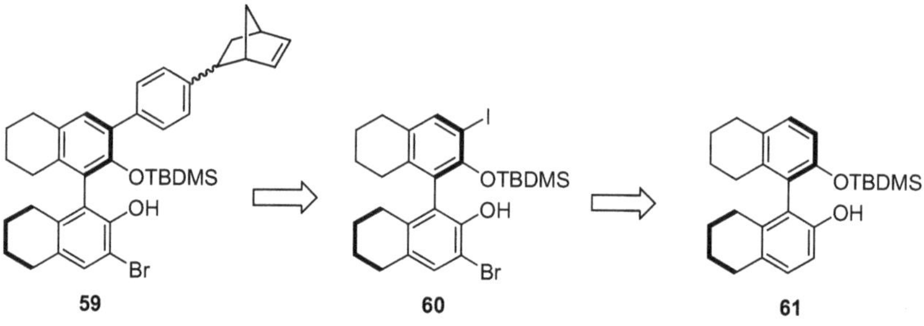

Schema 29: Retrosynthese des polymerisierbaren Liganden **59**.

Die Syntheseroute sollte ohne eine Schutzgruppe für die zweite Phenolfunktion auskommen. Eine hierfür geeignete Verknüpfungsreaktion ist die *Suzuki*-Kupplung, da sie auch in Gegenwart freier Phenolfunktionen durchgeführt werden kann. Es wurde die Synthese des Vorläufers **60** geplant, da es möglich sein sollte, das deutlich reaktivere Iodid selektiv in Gegenwart des Bromsubstituenten mit einer Arylboronsäure zu kuppeln.[210] Eine Bromierung erst nach der Einführung des Substituenten kam nicht in Frage, da die Norborneneinheit eine reaktive Doppelbindung enthält. Die Einführung der Silylgruppe nach der Kupplungsreaktion wurde ebenfalls nicht in Betracht gezogen, da eine Silylierung vermutlich an der sterisch weniger gehinderten Phenolfunktion und nicht neben dem großen Arylsubstituenten erfolgen würde. Aus diesen Gründen gab es keine Möglichkeit einer Kupplungsreaktion neben der sperrigen Silylgruppe und in Gegenwart des Bromsubstituenten zu umgehen. Nichtsdestotrotz schien die Synthese der Verbindungen **60** als Kupplungspartner vielversprechend, da bereits einige Beispiele für Kreuzkupplungsreaktionen in *ortho*-Stellung zu einer TBDMS-geschützen Phenolgruppe beschrieben wurden.[211] Der große sterische Anspruch der Silylgruppe erlaubt eine selektive Monosilylierung des biphenolischen Grundkörpers und sollte als desymmetrisierender Schritt in der Synthese eingesetzt werden.[206] Die Halogensubstituenten in 3- bzw. 3'-Position sollten anschließend ausgehend vom monogeschützten Grundgerüst **61** nacheinander selektiv eingeführt werden (Schema 29).
Der Silylether **61** konnte ausgehend von *R*-BINOL in einer guten Ausbeute von 87 % über zwei Stufen synthetisiert werden. Die anschließende Umsetzung mit elementarem Brom oder NBS unter verschiedenen Reaktionsbedingungen verlief allerdings trotz des sterischen Einflusses der Silylgruppe unselektiv und **61** wurde zu großen Anteilen auch in *ortho*-Position

zur Silylgruppe bromiert. Eine selektive Reaktion gelang durch den Zusatz von KOH und durch eine schrittweise Temperaturerhöhung von -30 °C auf Raumtemperatur (Schema 30). Die Base war in der Lage, die ungeschützte Phenolfunktion anteilig zu deprotonieren und damit gezielt den gewünschten aromatischen Ring durch Steigerung der Elektronendichte für eine elektrophile Substitution zu aktivieren. Das Bromid **62** konnte anschließend in einer Ausbeute von 78 % erhalten werden.

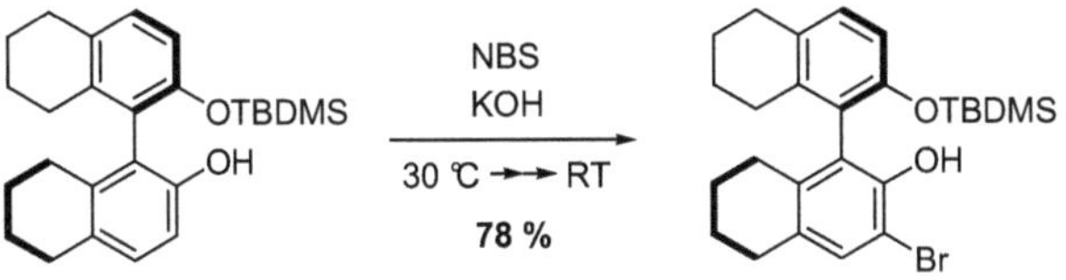

Schema 30: Sequentielle Einführung von Halogensubstituenten am monosilylierten Octahydro-BINOL-Gerüst.

Im Folgenden wurden verschiedene I^+-Quellen und Reaktionsbedingungen für die Iodierung von Verbindung **62** untersucht (Tabelle 15). Elementares Iod erwies sich als unreaktiv (Eintrag 1) und es wurde als Additiv Silbertrifluoracetat zugesetzt, da mit dieser Kombination bereits eine Iodierung neben einer OTBDMS-Gruppe beschrieben wurde.[212] Die Reaktion in verschiedenen Lösungsmitteln lieferte bei niedrigen Temperaturen von -30 °C bis 0 °C fast keinen Umsatz während bei höheren Temperaturen ausschließlich nicht identifizierbare Nebenprodukte gebildet wurden (Eintrag 2). Bei Raumtemperatur in Chloroform konnte allerdings ein relativ sauberes Edukt-/Produkt-Gemisch von 6 zu 1 erhalten werden (Eintrag 3). Durch verlängerte Reaktionszeit oder durch einen Wechsel der Silberquelle (Eintrag 4) konnte dieses Ergebnis jedoch nicht weiter verbessert werden. Die Verwendung von alternativen Iodquellen wie NIS oder Iodoniumchlorid, die prinzipiell ohne Aktivierung auskommen, führte ebenfalls zur Bildung von Nebenprodukten (Einträge 5-6). Reaktionen bei tieferen Temperaturen zeigten wie zuvor keinen Umsatz und auch die Kombination mit einem Silbersalz führte nicht zum gewünschten Erfolg (Eintrag 7).

Tabelle 15: Übersicht über die getesteten Reagenzien und Bedingungen für die Iodierung des Substrats 62.

Eintrag	I⁺-Quelle	Aktivierung	T	Lösungsmittel	Ergebnis
1	I_2	-	RT	$CHCl_3$	kein Umsatz
2	I_2	$Ag(CF_3CO_2)$	-30 °C bis 50 °C	DCM, DMF, EtOH, MeCN, THF	kein Umsatz / Zersetzung
3	I_2	$Ag(CF_3CO_2)$	RT	$CHCl_3$	< 15 % Umsatz zum Produkt
4	I_2	$AgNO_3$	RT	$CHCl_3$	Zersetzung
5	NIS	-		DCM, $CHCl_3$, DMF, EtOH, MeCN, THF	kein Umsatz / Zersetzung
6	ICl	-	-60 °C bis 50 °C	$CHCl_3$	kein Umsatz / Zersetzung
7	ICl	$Ag(CF_3CO_2)$	RT	$CHCl_3$	kein Umsatz / Zersetzung

Da keine der getesteten Reaktionsbedingungen zur selektiven Iodierung der 3-Position im Bromid 62 geführt hatte, wurde die Aktivierung dieser Position über eine Metallierung untersucht. Denkbar waren eine Deprotonierung oder alternativ ein Halogen-Metall-Austausch im Originalliganden 63 (Schema 31). Die freie Phenolfunktion und die OTBDMS-Gruppe haben unterschiedliche elektronische und sterische Eigenschaften und könnten so eine Differenzierung der beiden Bromidfunktionen in der Verbindung 63 erlauben. *Serwatowski* und Mitarbeiter haben beispielsweise gezeigt, dass die Lithiierung in Nachbarschaft einer TBDMS-geschützen Phenolgruppe beschleunigt ist und das Intermediat anschließend mit DMF als Elektrophil umgesetzt werden kann.[213] Auf Grundlage dieser Überlegungen wurde der Halogen-Metall-Austausch mit *tert*-Butyllithium unter verschiedenen Bedingungen untersucht. In einigen Reaktionen wurde zudem versucht, die Selektivität durch eine vorangestellte Deprotonierung der Phenolfunktion mit Phenyllithium zu verbessern. Nach der Zugabe verschiedener Elektrophile wie H_2O oder I_2 wurden die erhaltenen Produktgemische analysiert. Die identifizierten Verbindungen zeigten jedoch, dass das Intermediat **64** entweder unter Brook-Umlagerung weiterreagiert oder eine Wanderung der Silylgruppe zur benachbarten Phenolatfunktion erfolgt (Schema 31). Zudem konnte keine Selektivität bezüglich der beiden Bromsubstituenten beobachtet werden. Da die lithiierte Spezies bevorzugt unter Umlagerung der Silylgruppe weiterreagierte, wurde in keiner der Reaktionen das gewünschte Produkt **60** gebildet. Die Deprotonierung der Verbindung **62** mit einer Lithiumbase ist damit als Alternative ebenfalls ausgeschlossen, weil sich bei dieser Reaktion das gleiche instabile Intermediat bilden würde.

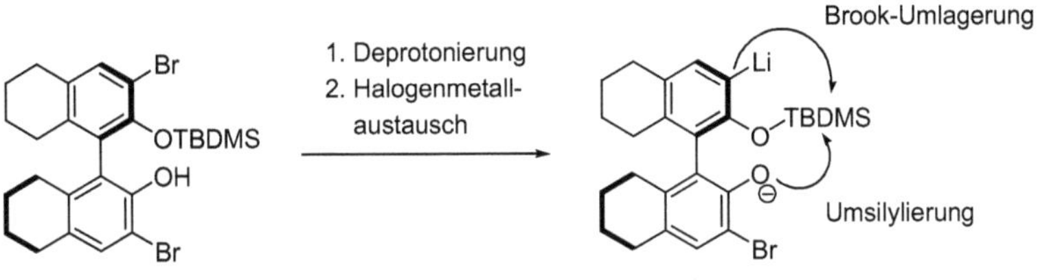

Schema 31: Nebenreaktionen bei den Versuchen zum selektiven Halogenmetallaustausch.

2.4 Zusammenfassung

In Teil 2 dieser Arbeit wurde die Entwicklung von polymerisierbaren Liganden für die Immobilisierung von Molybdän-Metathese-Katalysatoren vorgestellt. Die Zielsetzung wurde durch die Entwicklung einer neuen Silylschutzgruppe, die einen polymerisierbaren Norbornensubstituenten enthält, erreicht. Neben dem Norbornenrest war das Siliziumatom zusätzlich mit zwei *Iso*propylgruppen substituiert, die für die nötige Stabilität der Schutzgruppe sorgten. Die Synthese des Silylchlorids **52** gelang über eine Hydrosilylierung als Schlüsselschritt und einer Gesamtausbeute von 24 % über drei Stufen. Die Umsetzung mit 3,3'-Dibrom-Octahydro-BINOL (**47**) lieferte den polymerisierbaren Liganden **51** (Schema 32).

Die Silylierung ist der letzte Schritt in der Synthese der untersuchten Ligandenklasse und erlaubt eine flexible Wahl der Halogensubstituenten in 3,3'-Position. Das Silylchlorid **52** könnte daher in weiterführenden Arbeiten auch mit dem Difluor-, Dichlor- und Diiodsubstituierten Octahydro-BINOL-Gerüst umgesetzt werden, um weitere polymerisierbare Liganden zu generieren (Schema 32). Auf Grundlage dieser Verbindungen können anschließend Studien zur Immobilisierung von chiralen Molybdän-Metathesekatalysatoren der neusten Generation durchgeführt werden.

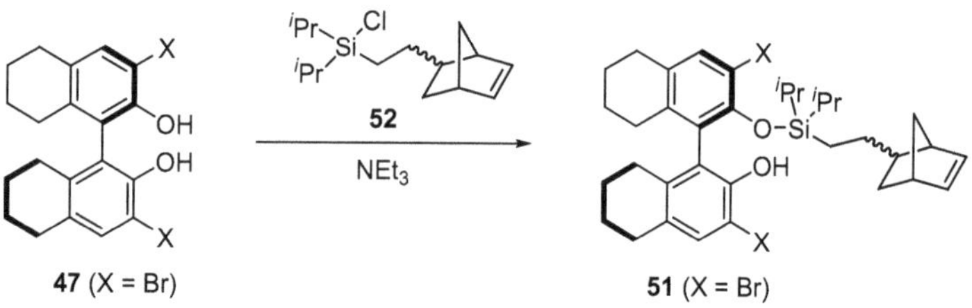

Schema 32: Flexible Syntheseroute für die Darstellung von polymerisierbaren Liganden für chirale Molybdän-Metathesekatalysatoren.

Die Synthese eines Liganden mit einem polymerisierbaren Substituenten in 3'-Position konnte im Rahmen dieser Arbeit nicht mehr beendet werden. Bei einer Fortsetzung dieses Projekts könnten unter anderem weitere Iodierungsmethoden untersucht werden, um die 3'-Position zu funktionalisieren.[214] Außerdem könnte eine Metallierung der 3'-Position mit anderen Metallen zu stabileren Intermediaten des Typs **64** führen und eine selektive Umsetzung mit einem Iod-Elektrophil ermöglichen. Bei der Verwendung von Magnesium oder Zink könnte z. B. der größere kovalente Charakter der Aryl-Metall-Bindung eventuell eine Brook-Umlagerung verhindern. Erfolgversprechend sind vor allem die von *Knochel* entwickelten Methoden zum Halogen-Metall-Austausch oder zur selektiven Deprotonierung.[215-217]

Teil 3

Experimenteller Teil

3.1 Allgemeines

^{1}H-NMR-Spektren wurden mit den Geräten DRX 400 oder DRX 500 der Firma *Bruker* bei 400 MHz bzw. 500 MHz aufgenommen. Die Spektren wurden, soweit nicht anders angegeben, bei Raumtemperatur aufgenommen. Die Lösungsmittel sind für die jeweiligen Substanzen vermerkt. Die chemische Verschiebungen sind als dimensionslose δ-Werte in ppm relativ zum internen Lösungsmittelpeak angegeben. In Klammern sind die durch elektronische Integration ermittelte Protonenzahl, die Signalmultiplizität und die Kopplungskonstanten *J* in Hz angegeben. Die Multiplizitäten sind wie folgt gekennzeichnet: s (Singulett), d (Duplett), t (Triplett), q (Quartett), qn (Quintett), m (Multiplett), br (breites Singulett).

^{13}C-NMR-Spektren wurden mit dem Spektrometer DRX 400 der Firma *Bruker* bei 100 MHz bzw. 125 MHz aufgenommen. Die Lösungsmittel sind für die jeweiligen Substanzen vermerkt. Die chemischen Verschiebungen sind als dimensionslose δ-Werte in ppm angegeben. Die Anzahl der direkt gebundenen Protonen wurde durch DEPT-Messungen ermittelt und ist in Klammern angeführt, quartäre Kohlenstoffatome werden als C_q abgekürzt.

IR-Spektren wurden mit einem FTIR-Spektrometer *Nicolet* Magna 750 als ATR (Attenuated Total Reflectance) aufgenommen. Die Lage der Banden ist in Wellenzahlen (cm^{-1}) angegeben. Die Intensitäten wurden relativ zum stärksten Peak (100 %) wie folgt gekennzeichnet: vs (sehr stark, 75-100 %), s (stark, 50-75 %), m (mittel, 25-50 %), w (schwach, < 25 %), br (breit). Die Messungen wurden von Angestellten der TU Berlin durchgeführt.

Elementaranalysen wurden mit einem Elementar Vario El der Firma *Analytik Jena* durchgeführt. Die Messungen wurden von Angestellten der TU Berlin durchgeführt.

Massenspektren (**EI-MS**) sowie hochaufgelöste Massenspektren (**HR-MS**) wurden auf den Spektrometern *Finnigan* MAT 95 SQ oder *Varian* MAT 711 aufgenommen. Die Ionisierung der Proben erfolgte durch Elektronenstoß (EI) bei 70 °C und einem Ionisierungspotential von 70 eV. Die relativen Signalintensitäten sind in Prozent bezogen auf das intensivste Signal (100 %) angegeben. Die Messungen wurden von Angestellten der TU Berlin durchgeführt.

ESI-MS-Spektren wurden auf einem LTQ XL FTMS von *Thermo Scientific* aufgenommen. Die Ionisierung erfolgte bei 5 kV durch Elektronenspray-Ionisierung. Die Proben wurden i. A. in MeCN gelöst. Bei Messungen über den Autosampler galten folgende Bedingungen: MeOH + 0.1 % HCOOH, Flussrate 200 µL / min. Bei Messungen mittels Direkteinspritzung betrug die Flussrate 5 µL / min. Die Messungen wurden von Angestellten der TU Berlin durchgeführt.

GC/MS-Messungen wurden mit einer Anlage vom Typ HP6980 Series GC System von *Hewlett Packard* durchgeführt. Als Detektor diente ein HP5973 Mass Selective Detector. Als Säule wurde eine Supelco 28482-U 30mx0.32mm mit Helium als Trägergas verwendet.

HPLC-Analysen wurden an einer Anlage des Typs *Agilent Technologies* 1200 Series (UV/Vis-Detektor G1315D DAD, Autosampler G1329A ALS; G1312A Bin Pump; Massenspektrometer Agilent Technologies 6130 Quadrupole LC/MS) durchgeführt. Als Säulen wurden eine *Chiracel* OD-H (0.46 cm ø, 25 cm), eine *Chiracel* OJ (0.46 cm ø, 25 cm) sowie eine *Waters* Symmetry C18 (0.39 cm ø, 15 cm) verwendet. HPCL grade Eluenten wurden von der Firma *Fisher Scientific* bezogen. Enantiomerenüberschüsse wurden durch Vergleich mit den entsprechenden racemischen Proben ermittelt.

Hydrierungen wurden in einem Autoklaven des Typs 30 S der Firma *Roth* durchgeführt.

Inertreaktionen wurden entweder mittels Schlenktechnik oder in einer Glovebox MB 120 BG der Firma *MBraun* unter Stickstoffatmosphäre durchgeführt.

Lösungsmittel wurden vor Gebrauch destilliert und gegebenenfalls getrocknet. Als Trockenmittel für Diethylether, Tetrahydrofuran und Toluol diente Natrium. Dichlormethan wurde über Sicapent® oder CaH_2 getrocknet. DMF und Pyridin wurden über CaH_2 destilliert und anschließend über Molekularsieb 4 Å gelagert. Benzol-d_6 wurde über Natrium-Kaliumlegierung gelagert und vor Gebrauch filtriert.
Alle übrigen kommerziell erhältlichen Materialien wurden soweit nicht angegeben ohne weitere Reinigung verwendet.

Mikrowellen-Reaktionen wurden mit einem Gerät des Typs Discover der Firma *CEM* durchgeführt.

Schmelzpunkte wurden mit einem *Leica* Galen III Heiztischmikroskop mit einer Steuereinheit der Firma *Wagner-Munz* bestimmt und sind nicht korrigiert.

Dünnschichtchromatogramme wurden auf Aluminiumfolien mit Fluoreszenzindikator 254 der Firma *Merck* (Kieselgel, Merck 60 F_{254} Platten, Schichtdicke 0.2 mm) oder der Firma *Macherey-Nagel* (Kieselgel 60 mit Fluoreszenz-Indikator UV_{254}, Schichtdicke 0.2 mm) erstellt. Zur Auswertung erfolgte nach UV-Detektion (λ = 254 nm) i. A. eine Behandlung mit dem *Seebach*-Reagenz (1.00 g Cer(IV)sulfat und 2.50 g Molybdatophosphorsäure in 4 mL konzentrierter Schwefelsäure und 96 mL H_2O).

Säulenchromatographie wurde mit Kieselgel der Firma *Merck* (Korngröße 0.03-0.06 mm) durchgeführt.

Chemische Namen für alle synthetisierten Produkte wurden mit Hilfe von ChemDraw V.10.0 erstellt. Die Nummerierung der Atome in den Abbildungen dient ausschließlich der Signalzuordnung der NMR-Spektren und stimmt nicht mit der Nummerierung im Namen überein.

3.2 Versuchsvorschriften zur Synthese der Monomere

(*R*)-2,2'-Bis(methoxymethoxy)-1,1'-binaphthyl (2)

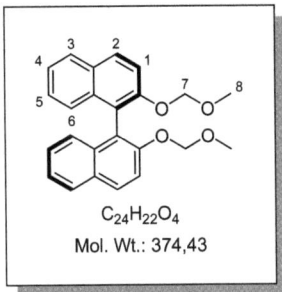

$C_{24}H_{22}O_4$
Mol. Wt.: 374,43

In einem ausgeheizten Zweihalskolben mit Rückflusskühler wurden unter N_2-Atmosphäre Dimethoxymethan (33.2 mL, 28.5 g, 375 mmol, 2.5 eq.) und Zinkacetat (6.88 mg, 37.5 µmol, $2.5 \cdot 10^{-4}$ eq.) mit abs. Toluol (100 mL) versetzt. Acetylchlorid (26.7 mL, 29.4 g, 375 mmol, 2.5 eq.) wurde langsam zugetropft. Es wurde anschließend 22 h bei RT gerührt, um eine Methoxymethylchlorid-Lösung zu erhalten.[218]

In einem weiteren ausgeheizten Dreihalskolben wurde NaH (18.0 g, 60 % mit Mineralöl, 450 mmol, 3 eq.) unter N_2-Atmosphäre mit abs. *n*-Hx gewaschen (80 + 40 mL) und in abs. THF (700 mL) suspendiert. (*R*)-1,1'-Bi-2-naphthol (42.9 g, 150 mmol) wurde unter N_2-Atmosphäre in abs. THF (225 mL) gelöst und bei 0 °C über 90 min. zur NaH-Suspension getropft. Das Reaktionsgemisch wurde 15 h bei RT gerührt. Anschließend wurde die zuvor hergestellte Methoxymethylchlorid-Lösung bei 0 °C über 2 h zugetropft und noch einmal 20 h bei RT gerührt. Bei 0 °C wurde dann ges. NH_4Cl-Lsg. zugesetzt und 1 h bei RT gerührt. THF und Teile des Toluols wurde bei vermindertem Druck (bis 50 mbar) entfernt. Der Rückstand wurde mit DCM (3 x 250 mL) extrahiert. Die vereinigten organischen Phasen wurden mit NaCl-Lsg. (100 mL) gewaschen, getrocknet und eingeengt. Das Produkt **2** wurde als weißer Feststoff (55.6 g, 148 mmol, quant.) erhalten.

R_f (*c*-Hx / EE = 3:1): 0.41.

^{1}H-NMR (400 MHz, $CDCl_3$): δ [ppm] = 7.96 (2H, d, *J* = 9.0 Hz, H^2), 7.88 (2H, d, *J* = 8.2 Hz, H^3), 7.59 (2H, d, *J* = 9.0, H^1), 7.35 (2H, ddd, *J* = 8.1 Hz, *J* = 6.6 Hz, *J* = 1.3 Hz, H^4), 7.23 (2H, ddd, *J* = 8.2 Hz, *J* = 6.6 Hz, *J* = 1.3 Hz, H^5), 7.17 (2H, d, *J* = 8.5 Hz, H^6), 5.09 (2H, d, *J* = 6.8 Hz, H^7), 4.98 (2H, d, *J* = 6.8 Hz, H^7), 3.15 (6H, s, H^8).

^{13}**C-NMR** (100 MHz, CDCl$_3$): δ [ppm] = 152.7 (C$_q$), 134.0 (C$_q$), 129.9 (C$_q$), 129.4 (CH), 127.9 (CH), 126.3 (CH), 125.6 (CH), 124.1 (CH), 121.3 (C$_q$), 117.3 (CH), 95.2 (CH$_2$), 55.9 (CH$_3$).

Die analytischen Daten stimmen mit den in der Literatur angegebenen Daten überein.[219]

(*R*)-2,2'-Dimethoxy-1,1'-binaphthyl (3)

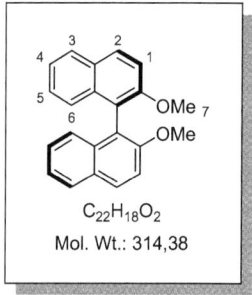

(*R*)-1,1'-Bi-2-naphthol (5.73 g, 20.0 mmol) wurde in Aceton (50 mL) gelöst und mit Kaliumcarbonat (8.29 g, 60.0 mmol, 3 eq.) und Methyliodid (4.46 mL, 9.94 g, 70 mmol, 3.5 eq.) versetzt. Die Suspension wurde 15 h refluxiert und anschließend mit Aceton verdünnt. Es wurde H$_2$O (100 mL) zugegeben und 2 h bei RT gerührt. Der weiße Niederschlag wurde abfiltriert und mit etwas Aceton und H$_2$O gewaschen. Das Produkt **3** wurde als weißes Pulver (6.22 g, 19.8 mmol, quant.) erhalten.

R$_f$ (*c*-Hx / EE = 3:1): 0.57.

^{1}**H-NMR** (400 MHz, CDCl$_3$): δ [ppm] = 7.98 (2H, d, *J* = 9.0 Hz, H^2), 7.87 (2H, d, *J* = 8.3 Hz, H^3), 7.46 (2H, d, *J* = 9.0, H^1), 7.32 (2H, ddd, *J* = 8.1 Hz, *J* = 6.7 Hz, *J* = 1.2 Hz, H^4), 7.21 (2H, ddd, *J* = 8.3 Hz, *J* = 6.7 Hz, *J* = 1.2 Hz, H^5), 7.11 (2H, dd, *J* = 8.5 Hz, *J* = 0.6 Hz, H^6), 3.77 (6H, s, H^7).

^{13}**C-NMR** (100 MHz, CDCl$_3$): δ [ppm] = 155.0 (C$_q$), 134.0 (C$_q$), 129.4 (CH), 129.2 (C$_q$), 127.9 (CH), 126.3 (CH), 125.3 (CH), 123.5 (CH), 119.6 (C$_q$), 114.3 (CH), 56.9 (CH$_3$).

IR (ATR) ṽ (cm^{-1}) = 3069 (w), 3047 (w), 3020 (w), 3000 (w), 2955 (w), 2933 (w), 2900 (w), 2836 (w), 1950 (br), 1909 (w), 1707 (w), 1619 (m), 1590 (m), 1506 (s), 1475 (w), 1461 (s), 1439 (w), 1429 (m), 1402 (w), 1355 (m), 1329 (m), 1263 (vs), 1249 (vs), 1212 (w), 1176 (w), 1148 (m), 1133 (m), 1091 (s), 1065 (s), 1050 (m), 1019 (m), 966 (w), 954 (w), 897 (m), 865 (w), 811 (s), 781 (w), 776 (w), 755 (m), 747 (s), 708 (w), 680 (w), 667 (w).

HR-MS (ESI): ber. für [C$_{22}$H$_{18}$O$_2$+H]$^+$: 315.13796, gef.: 315.13708; δ = 2.8 ppm.

Die analytischen Daten stimmen mit den in der Literatur angegebenen Daten überein.[220]

(*R*)-2,2'-Dimethoxy-1,1'-binaphthyl-3,3'-bis(boronsäure) (4)

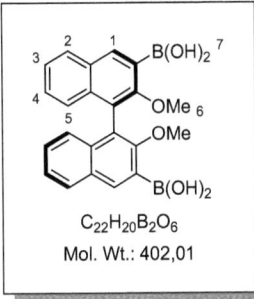

In einem ausgeheizten Dreihalskolben wurde das geschützte BINOL **3** (7.86 g, 25.0 mmol) unter N$_2$-Atmosphäre in abs. Et$_2$O (400 mL) suspendiert und mit TMEDA (10.5 mL, 8.14 g, 70.0 mmol, 2.8 eq.) versetzt. Bei RT wurde *n*-BuLi (30.0 mL, 2.5 M in *n*-Hx, 75.0 mmol, 3 eq.) langsam zugetropft. Die braune Suspension wurde 15 h gerührt. Anschließend wurde bei -78 °C Trimethylborat (16.8 mL, 15.5 g, 150 mmol, 6 eq.) zugegeben. Die Suspension wurde 20 h gerührt. Bei 0 °C wurde langsam 1 M HCl zugegeben und 1 h bei RT gerührt. Nach der Phasentrennung wurde die wässrige Phase mit Et$_2$O (2 x) extrahiert. Die vereinigten organischen Phasen wurden getrocknet und eingeengt. Umkristallisation aus Toluol lieferte das Produkt **4** als weißes Pulver (6.73 g, 16.7 mmol, 67 %).

^{1}H-NMR (400 MHz, CDCl$_3$): δ [ppm] = 8.63 (2H, s, H^1), 7.99 (2H, d, *J* = 8.0 Hz, H^5), 7.44 (2H, ddd, *J* = 8.1 Hz, *J* = 6.8 Hz, *J* = 1.2 Hz, H^3), 7.32 (2H, ddd, *J* = 8.3 Hz, *J* = 6.8 Hz, *J* = 1.4 Hz, H^4), 7.16 (2H, d, *J* = 8.6 Hz, H^5), 6.31 (4H, s, H^7), 3.32 (6H, s, H^6).

^{13}C-NMR (100 MHz, (Aceton-d$_6$): δ [ppm] = 161.3 (C$_q$), 139.1 (CH), 136.6 (C$_q$), 131.4 (C$_q$), 129.7 (CH), 128.2 (CH), 126.3 (CH), 125.7 (CH), 124.2 (C$_q$), 61.8 (CH$_3$).

IR (ATR) ṽ (cm^{-1}) = 3457 (br), 3059 (w), 2931 (w), 2870 (w), 2854 (w), 1718 (w), 1620 (w), 1589 (m), 1568 (w), 1493 (m), 1445 (s), 1413 (m), 1343 (s), 1316 (m), 1264 (m), 1222 (m), 1179 (w), 1149 (m), 1095 (m), 1038 (m), 1019 (m), 982 (w), 940 (w), 916 (s), 877 (w), 860 (w), 826 (w), 793 (w), 754 (m), 691 (br).

Die analytischen Daten stimmen mit den in der Literatur angegebenen Daten überein.[221]

(*R*)-3,3'-Bis(3-thienyl)-2,2'-dimethoxy-1,1'-binaphthyl (5)

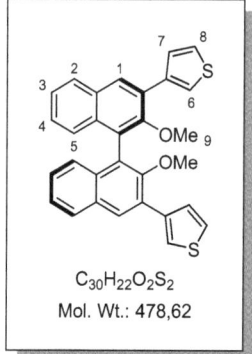

$C_{30}H_{22}O_2S_2$
Mol. Wt.: 478,62

Unter N_2-Atmosphäre wurden in einem Schlenkkolben die Diboronsäure **4** (2.45 g, 6.10 mmol), Tetrakis(triphenylphosphin)palladium (705 mg, 610 µmol, 10 mol%) und Kaliumcarbonat (2.53 g, 18.3 mmol, 3 eq.) vorgelegt. Der Kolben wurde vor Licht geschützt und mit entgastem THF (75 mL), entgastem H_2O (75 mL) und 3-Bromthiophen (1.71 mL, 2.98 g, 18.3 mmol, 3 eq.) versetzt. Das Reaktionsgemisch wurde für 24 h auf 80 °C erhitzt. Das Gemisch wurde mit 3 M HCl (200 mL) versetzt und mit DCM verdünnt. Nach der Phasentrennung wurde die wässrige Phase zweimal mit DCM extrahiert. Die vereinigten organischen Phasen wurden mit H_2O gewaschen, getrocknet und eingeengt. Säulenchromatographie (SiO_2, *c*-Hx / EE = 50:1) lieferte das Produkt **5** als weißen Feststoff (2.06 g, 4.30 mmol, 70 %)

R$_f$ (*c*-Hx / EE = 3:1): 0.77.

^{1}H-NMR (400 MHz, $CDCl_3$): δ [ppm] = 8.11 (2H, s, H^1), 7.91 (2H, d, *J* = 8.3 Hz, H^2), 7.79 (2H, dd, *J* = 3.0 Hz, *J* = 1.2 Hz, H^6), 7.62 (2H, dd, *J* = 5.0 Hz, *J* = 1.2 Hz, H^7), 7.45-7.38 (4H, m, H^3, H^8), 7.25 (2H, ddd, *J* = 8.4 Hz, *J* = 6.7 Hz, *J* = 1.2 Hz, H^4), 7.20 (2H, d, *J* = 8.4 Hz, H^5), 3.27 (6H, s, H^9).

^{13}C-NMR (100 MHz, $CDCl_3$): δ [ppm] = 154.0 (C_q), 138.8 (C_q), 133.5 (C_q), 130.8 (C_q), 129.7 (C_q), 129.5 (CH), 128.6 (CH), 128.0 (CH), 126.3 (CH), 126.1 (C_q), 125.8 (CH), 125.1 (2 x C, CH), 123.4 (CH), 60.4 (CH_3).

IR (ATR) ṽ (cm^{-1}) = 3503 (br), 3105 (w), 3056 (w), 2969 (m), 2933 (m), 2895 (w), 2847 (w), 2826 (w), 1952 (w), 1930 (w), 1828 (w), 1802 (w), 1702 (m), 1620 (w), 1590 (w), 1528 (w), 1492 (m), 1456 (s), 1445 (m), 1416 (s), 1393 (m), 1376 (m), 1351 (vs), 1321 (w), 1290 (w), 1247 (vs), 1217 (s), 1189 (m), 1177 (m), 1166 (m), 1148 (s), 1128 (m), 1085 (m), 1076 (w), 1041 (vs), 1017 (s), 995 (m), 961 (w), 920 (w), 896 (m), 868 (m), 852 (m), 833 (m), 800 (vs), 790 (m), 779 (m), 779 (m), 751 (vs), 740 (m), 709 (w), 688 (w), 669 (m).

HR-MS (ESI): ber. für $[C_{30}H_{22}O_2S_2]^+$: 478.10557, gef.: 478.10448; δ = 2.3 ppm; ber. für $[C_{30}H_{22}O_2S_2+Na]^+$: 501.09534, gef.: 501.09423; δ = 2.2 ppm.

(*R*)-3,3'-Bis(3-thienyl)-1,1'-bi-2-naphthol (6)

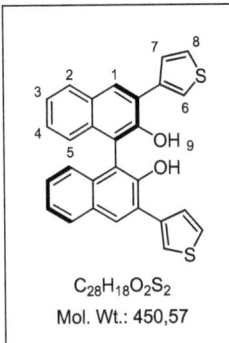

In einem ausgeheizten Schlenkkolben wurden das geschützte BINOL-Derivat **5** (622 mg, 1.30 mmol) und AlCl$_3$ (867 mg, 6.50 mmol, 5 eq.) bei 2 mbar für 1 h getrocknet und unter N$_2$-Atmosphäre auf 0 °C gekühlt. Es wurde abs. DCM (250 mL) zugefügt und es entstand eine dunkelrote Lösung. Nach der Zugabe von Ethanthiol (1.93 mL, 1.62 g, 26.0 mmol, 20 eq.) wurde 2.5 h bei 0 °C gerührt. Es wurde H$_2$O (1 mL) zugefügt. Das Lösungsmittel und überschüssiges Ethanthiol wurden unter vermindertem Druck bei 40 °C entfernt. Der feste Rückstand wurde noch einmal in DCM aufgenommen und wieder bis zur Trockne eingeengt. Der Rückstand wurde in DCM und H$_2$O aufgenommen und extrahiert. Nach der Phasentrennung wurde die wässrige Phase noch zweimal mit DCM extrahiert. Die vereinigten organischen Phasen wurden mit H$_2$O gewaschen, getrocknet und eingeengt. Säulenchromatographie (SiO$_2$, *c*-Hx / EE = 40:1) lieferte das Produkt **6** als weißen Feststoff (409 mg, 907 μmol, 70 %)

R$_f$ (*c*-Hx / EE = 3:1): 0.66.

^{1}H-NMR (400 MHz, CDCl$_3$): δ [ppm] = 8.20 (2H, s, H^1), 7.93 (2H, d, *J* = 8.1 Hz, H^2), 7.84 (2H, dd, *J* = 3.0 Hz, *J* = 1.3 Hz, H^6), 7.63 (2H, dd, *J* = 5.1 Hz, *J* = 1.3 Hz, H^7), 7.45 (2H, dd, *J* = 5.1 Hz, *J* = 3.0 Hz, H^8), 7.39 (2H, ddd, *J* = 8.1 Hz, *J* = 6.9 Hz, *J* = 1.2 Hz, H^3), 7.30 (2H, ddd, *J* = 8.2 Hz, *J* = 7.0 Hz, *J* = 1.3 Hz, H^4), 7.17 (2H, d, *J* = 8.1 Hz, H^5), 5.48 (2H, s, H^9).

^{13}C-NMR (100 MHz, CDCl$_3$): δ [ppm] = 150.4 (C$_q$), 137.5 (C$_q$), 132.6 (C$_q$), 130.3 (CH), 129.5 (C$_q$), 128.5 (CH), 128.4 (CH), 127.4 (CH), 125.4 (CH), 125.2 (C$_q$), 124.5 (CH), 124.4 (CH), 124.2 (CH), 112.1 (C$_q$).

IR (ATR) ṽ (cm^{-1}) = 3491 (s), 3318 (br), 3106 (w), 3057 (w), 2972 (w), 2928 (w), 2856 (w), 1950 (w), 1802 (w), 1701 (m), 1618 (m), 1595 (m), 1527 (w), 1497 (m), 1439 (s), 1416 (m), 1382 (s), 1355 (vs), 1329 (m), 1307 (m), 1291 (w), 1259 (m), 1235 (s), 1203 (s), 1186 (s), 1166 (s), 1146 (vs), 1124 (vs), 1088 (w), 1065 (w), 1016 (w), 986 (m), 953 (w), 936 (w), 901 (m), 873 (m), 853 (w), 837 (m), 795 (vs), 750 (vs), 722 (s), 692 (m), 665 (m).

HR-MS (ESI): ber. für [C$_{28}$H$_{18}$O$_2$S$_2$-H]$^-$: 449.06645, gef.: 449.06686; δ = 0.9 ppm.

(*R*)-(3,3'-Bis(3-thienyl)-1,1'-binaphthalen-2,2'-diyl)-phosphorsäure (7)

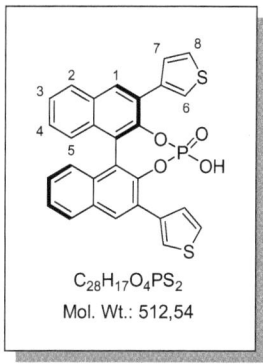

C$_{28}$H$_{17}$O$_4$PS$_2$
Mol. Wt.: 512,54

In einem ausgeheizten Schlenkkolben wurde das BINOL-Derivat **6** (451 mg, 1.00 mmol) in trockenem Pyridin (20 mL) gelöst und bei 0 °C langsam mit POCl$_3$ (280 µL, 461 mg, 3.00 mmol, 3 eq.) versetzt. Es wurde 24 h bei RT gerührt. Anschließend wurde ein Gemisch aus THF (60 mL) und 1 M HCl (210 mL) zugetropft (pH = 2) und 15 h bei 50 °C gerührt. Da die DC-Kontrolle noch Phosphorsäurechlorid zeigte, wurde der pH-Wert mit 3 M HCl auf pH = 1-2 eingestellt und es wurde weitere 15 h bei 50 °C gerührt. Anschließend wurde das THF abdestilliert (70 mbar) und der entstandene Niederschlag abfiltriert. Säulenchromatographie (SiO$_2$, DCM / MeOH = 30:1) lieferte das Produkt **7** als weißen Feststoff (353 mg, 690 µmol, 69 %).

Modifikationen:

Für den in Tabelle 5 Eintrag 2 verwendeten Katalysator: Das Produkt **7** wurde in EE gelöst und zweimal mit 1 M HCl gewaschen. Die organische Phase wurde getrocknet und eingeengt.

Für den in Tabelle 5 Eintrag 3 verwendeten Katalysator: In einem Schlenkkolben wurde CaH$_2$ (0.5 mg, 12.5 µmol, 1 eq.) unter N$_2$-Atmosphäre mit ^{i}PrOH (1 mL) für 30 min. auf 50 °C erhitzt. Anschließend wurde abs. DCM (1 mL) zugefügt. Dann wurde das Produkt **7** (12.8 mg, 25 µmol) zugegeben. Nach 30 min. bei RT wurde das Gemisch eingeengt und der erhaltene Feststoff direkt als Katalysator eingesetzt.

R_f (DCM / MeOH = 7:1): 0.35.

^{1}H-NMR (400 MHz, CD$_3$OD): δ [ppm] = 8.20 (2H, s, H^1), 8.07 (2H, dd, J = 3.0 Hz, J = 1.3 Hz, H^6), 7.97 (2H, d, J = 8.1 Hz, H^2), 7.75 (2H, dd, J = 5.1 Hz, 1.3 Hz, H^7), 7.43 (2H, dd, J = 5.0, J = 3.0, m, H^8), 7.40 (2H, ddd, J = 8.1 Hz, J = 6.7 Hz, J = 1.1 Hz, H^3) 7.18 (2H, ddd, J = 8.5 Hz, J = 6.7 Hz, J = 1,1 Hz, H^4), 7.09 (2H, d, J = 8.5 Hz, H^5).

^{13}C-NMR (100 MHz, CD$_3$OD): δ [ppm] = 147.7 (d, J = 9 Hz, C$_q$), 139.0 (C$_q$), 133.3 (C$_q$), 132.5 (C$_q$), 130.8 (CH), 130.3 (CH), 129.5 (CH), 127.7 (CH), 127.2 (CH), 126.4 (CH), 125.79 (CH), 125.75 (CH), 124.5 (C$_q$).

Vermutlich auf Grund einer Überlagerung fehlt ein Signal für ein quartäres Kohlenstoffatom.

IR (ATR) ṽ (cm^{-1}) = 3618 (w), 3101 (w), 3068 (w), 2971 (w), 2930 (w), 2133 (w), 1950 (w), 1699 (m), 1633 (w), 1622 (w), 1595 (w), 1527 (w), 1497 (w), 1489 (w), 1427 (m), 1391 (w), 1357 (m), 1317 (w), 1249 (s), 1209 (m), 1190 (m), 1173 (m), 1152 (m), 1102 (vs), 1016 (w), 986 (s), 961 (m), 919 (m), 894 (m), 856 (s), 834 (m), 789 (m), 751 (s), 735 (m), 698 (s), 671 (m).

HR-MS (ESI): ber. für [C$_{28}$H$_{17}$O$_4$PS$_2$-H]$^-$: 511.02221, gef.: 511.02120; δ = 2.0 ppm.

(*R*)-3,3'-Bis(2-thienyl)-2,2'-dimethoxy-1,1'-binaphthyl (8)

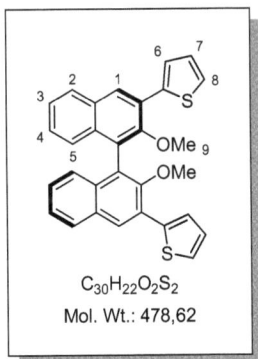

Unter N$_2$-Atmosphäre wurden in einem Schlenkkolben die Boronsäure **4** (2.01 g, 5.00 mmol), Tetrakis(triphenyl-phosphin)palladium (1.16 g, 1.00 mmol, 0.2 eq.) und Bariumhydroxid (2.57 g, 15.0 mmol, 3 eq.) vorgelegt. Der Kolben wurde vor Licht geschützt und mit entgastem 1,4-Dioxan (30 mL), entgastem H$_2$O (10 mL) und 2-Bromthiophen (1.45 mL, 2.44 g, 15.0 mmol, 3 eq.) versetzt. Das Reaktionsgemisch wurde für 24 h auf 100 °C erhitzt. Anschließend wurde das Gemisch bis zur Trockne eingeengt. Der Rückstand wurde in DCM (200 mL) aufgenommen und mit 1 M HCl (150 mL) und ges. NaCl-Lsg. gewaschen. Die organische Phase wurde getrocknet und eingeengt. Säulenchromatographie (SiO$_2$, c-Hx / EE = 40:1) lieferte das Produkt **8** als gelblichen Feststoff (1.93 g, 4.03 mmol, 81 %)

R_f (c-Hx / EE = 3:1): 0.68.

^{1}H-NMR (400 MHz, CDCl$_3$): δ [ppm] = 8.23 (2H, s, H^1), 7.91 (2H, d, J = 8.4 Hz, H^2), 7.66 (2H, dd, J = 3.7 Hz, J = 1.2 Hz, H^6), 7.43-7.38 (4H, m, H^3, H^8), 7.24 (2H, ddd, J = 8.0 Hz, J = 6.8 Hz, J = 1.2 Hz, H^4), 7.19-7.13 (4H, m, H^5, H^7), 3.34 (6H, s, H^9).

^{13}C-NMR (100 MHz, CDCl$_3$): δ [ppm] = 153.4 (C$_q$), 139.6 (C$_q$), 133.5 (C$_q$), 130.8 (C$_q$), 128.8 (CH), 128.1 (CH), 128.0 (C$_q$), 127.3 (CH), 126.5 (CH), 126.4 (CH), 126.3 (CH), 125.9 (C$_q$), 125.8 (CH), 125.3 (CH), 60.6 (CH$_3$).

IR (ATR) $\tilde{v}$ (cm^{-1}) = 3736 (s), 3498 (br), 3102 (w), 3059 (w), 2969 (w), 2934 (m), 2897 (w), 2873 (w), 2838 (w), 1953 (w), 1929 (w), 1802 (w), 1701 (w), 1619 (w), 1588 (w), 1520 (w), 1493 (m), 1456 (s), 1427 (m), 1407 (s), 1375 (w), 1357 (m), 1344 (s), 1328 (w), 1314 (w), 1290 (w), 1266 (m), 1248 (vs), 1221 (s), 1191 (m), 1166 (m), 1149 (m), 1125 (s), 1078 (w), 1051 (w), 1031 (m), 1012 (vs), 980 (w), 953 (w), 919 (w), 888 (m), 851 (m), 832 (m), 812 (w), 804 (w), 785 (w), 751 (vs), 699 (vs).

HR-MS (ESI): ber. für [C$_{30}$H$_{22}$O$_2$S$_2$+Na]$^+$: 501.09534, gef.: 501.09452; δ = 1.6 ppm; ber. für [C$_{30}$H$_{22}$O$_2$S$_2$+K]$^+$: 517.06928, gef.: 517.06859; δ = 1.3 ppm.

rac-3,3'-Bis(2-thienyl)-1,1'-bi-2-naphthol (9)

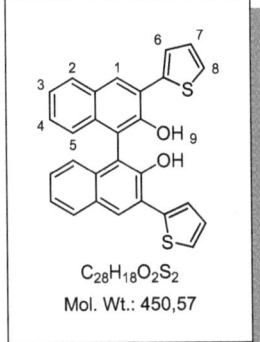

$C_{28}H_{18}O_2S_2$
Mol. Wt.: 450,57

Herstellung von wasserhaltigem Pyridinhydrochlorid: Zu Pyridin wurden stöchiometrische Mengen 1 M HCl getropft. Das Gemisch wurde am Rotationsverdampfer bei 10 mbar und 40 °C eingeengt.

In drei Mikrowellengläschen wurden wasserhaltiges Pyridinhydrochlorid (jeweils 150-180 mg) und ein Drittel des geschützte BINOL-Derivats **8** (287 mg, 600 µmol) gegeben. Das Gemisch wurde in allen Gläschen mit wässrigem Pyridinhydrochlorid (jeweils 150-180 mg) überschichtet. Die Reaktionsgefäße wurden einzeln mit Mikrowellen bestrahlt (power = 215 W, ramptime = 0 min., time = 5 min., T = 170 °C, Lösungsmittel = H_2O). Die Rückstände in den Mikrowellengläschen wurden in Et_2O und H_2O aufgenommen. Nach der Phasentrennung wurde die wässrige Phase zweimal mit Et_2O extrahiert. Die vereinigten organischen Phasen wurden mit H_2O gewaschen, getrocknet und eingeengt. Das Produkt **9** wurde als leicht brauner Feststoff (264 mg, 587 µmol, 98 %) erhalten.

R_f (c-Hx / EE = 3:1): 0.66.

^{1}H-NMR (400 MHz, $CDCl_3$): δ [ppm] = 8.30 (2H, s, H^1), 7.93 (2H, d, J = 7.9 Hz, H^2), 7.70 (2H, dd, J = 3.7 Hz, J = 1.1 Hz, H^6), 7.41 (2H, dd, J = 5.1 Hz, J = 1.1 Hz, H^8), 7.39 (2H, ddd, J = 8.1 Hz, J = 6.9 Hz, 1.2 Hz, H^3), 7.29 (2H, ddd, J = 8.2 Hz, J = 6.8 Hz, J = 1.3 Hz H^4), 7.15 (4H, m, H^5+H^7), 5.64 (2H, br, H^9).

^{13}C-NMR (100 MHz, $CDCl_3$): δ [ppm] = 149.7 (C_q), 138.9 (C_q), 132.6 (C_q), 129.8 (CH), 129.4 (C_q), 128.5 (CH), 127.6 (2 x C, CH), 127.1 (CH), 126.2 (CH), 124.7 (CH), 124.1 (CH), 123.5 (C_q), 112.1 (C_q).

IR (ATR) ṽ (cm^{-1}) = 3492 (s), 3276 (br), 3104 (w), 3059 (m), 2973 (w), 2929 (w), 2852 (w), 1950 (w), 1926 (w), 1801 (w), 1701 (s), 1618 (m), 1591 (m), 1571 (w), 1519 (w), 1496 (m), 1443 (vs), 1423 (m), 1382 (s), 1361 (vs), 1348 (m), 1328 (m), 1308 (m), 1265 (m), 1238 (vs), 1207 (s), 1195 (s), 1165 (s), 1147 (vs), 1121 (vs), 1079 (w), 1060 (w), 1039 (m), 1025 (m),

978 (w), 953 (w), 935 (w), 889 (m), 852 (m), 837 (m), 814 (w), 789 (w), 778 (w), 749 (vs), 720 (m), 699 (vs).

HR-MS (ESI): ber. für $[C_{28}H_{18}O_2S_2+H]^+$: 451.08210, gef.: 451.08011; δ = 4.4 ppm.

HPLC: Chiracel OD-H, n-Hx / ^{i}PrOH = 80:20, flow: 0.6 mL/min., 254 nm.

Enantiomerenüberschuss im Produkt: 2 % ee

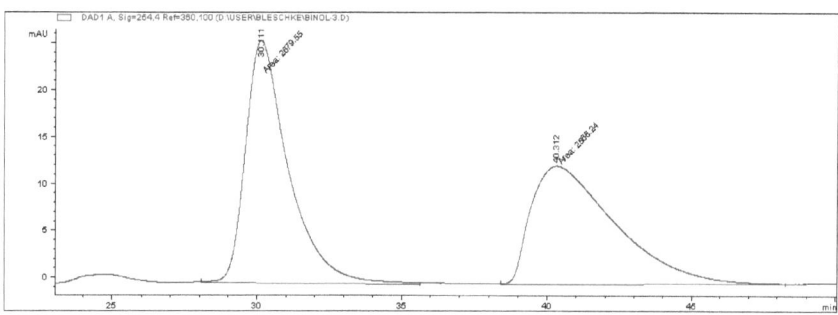

rac-(3,3'-Bis(2-thienyl)-1,1'-binaphthalen-2,2'-diyl)-phosphorsäure (11)

In einem ausgeheizten Schlenkkolben wurde das BINOL-Derivat **9** (22.5 mg, 50.0 µmol) unter N_2-Atmosphäre in trockenem Pyridin (1 mL) gelöst und bei 0 °C langsam mit $POCl_3$ (28.0 µL, 46.0 mg, 300 µmol, 6 eq.) versetzt. Es wurde 15 h bei RT gerührt. Das Gemisch wurde mit THF (3 mL) und 3 M HCl (10 mL) versetzt und 4 h auf 50 °C erhitzt. Anschließend wurde das Gemisch mit H_2O verdünnt und mit EE extrahiert. Umkristallisation aus Chloroform lieferte das Produkt **11** als weißen Feststoff (13 mg, 25.4 µmol, 51 %)

$C_{28}H_{17}O_4PS_2$
Mol. Wt.: 512,54

R$_f$ (DCM / MeOH = 7:1): 0.20.

¹H-NMR (400 MHz, CD₃OD): δ [ppm] = 8.34 (2H, s, H¹), 7.98 (2H, d, J = 8.2 Hz, H²), 7.96 (2H, dd, J = 3.7 Hz, J = 1.1 Hz, H⁶), 7.47 (2H, dd, J = 5.1 Hz, J = 1.1 Hz, H⁸), 7.41 (2H, ddd, J = 8.1 Hz, J = 6.9 Hz, J = 1.2 Hz, H³), 7.20 (2H, ddd, J = 8.3 Hz, J = 6.9 Hz, J = 1.3 Hz, H⁴), 7.16-7.11 (4H, m, H⁵, H⁷).

¹³C-NMR (100 MHz, CD₃OD): δ [ppm] = 149.4 (d, J = 9 Hz (C_q), 142.7 (C_q), 135.7 (C_q), 135.0 (C_q), 132.5 (C_q), 132.0 (CH), 131.3 (CH), 131.1 (CH), 130.9 (CH), 130.2 (CH), 130.0 (CH), 129.8 (CH), 129.3 (CH), 127.2 (C_q).

IR (ATR) ṽ (cm⁻¹) = 3600 (w), 3326 (br), 3106 (m), 3071 (m), 2971 (m), 2932 (w), 1953 (w), 1698 (m), 1637 (w), 1622 (w), 1593 (w), 1520 (w), 1496 (w), 1436 (s), 1415 (m), 1362 (m), 1328 (w), 1253 (vs), 1214 (s), 1190 (s), 1172 (m), 1152 (m), 1100 (vs), 1082 (s), 1056 (w), 1031 (w), 977 (m), 958 (s), 914 (w), 887 (w), 857 (w), 837 (s), 813 (m), 796 (w), 773 (m), 749 (s), 731 (m), 700 (vs).

HR-MS (ESI): ber. für [C₂₈H₁₇O₄PS₂-H]⁻: 511.02221, gef.: 511.02203; δ = 0.4 ppm.

2,2'-Methylendioxy-1,1'-binaphthyl (12)

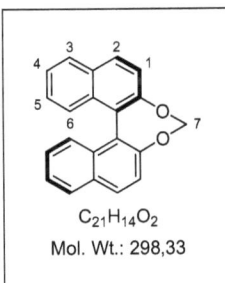

C₂₁H₁₄O₂
Mol. Wt.: 298,33

(*R*)-1,1'-Bi-2-naphthol (2.86 g, 10.0 mmol) wurde in Aceton (50 mL) gelöst und mit Kaliumcarbonat (8.29 g, 60.0 mmol, 6 eq.) und Methylenbromid (2.10 mL, 5.22 g, 30.0 mmol, 3 eq.) versetzt. Die Suspension wurde 40 h refluxiert. Bei RT wurde erneut Methylenbromid (2.10 mL, 30.0 mmol, 3 eq.) zugegeben und es wurde noch einmal 20 h refluxiert. Anschließend wurde H₂O zugegeben und 1 h bei RT gerührt. Der weiße Niederschlag wurde abfiltriert und mit H₂O gewaschen. Das Produkt **12** wurde als weißes Pulver (3.04 g, 9.81 mmol, 98 %) erhalten.

R_f (*c*-Hx / EE = 3:1): 0.66.

¹H-NMR (400 MHz, CDCl₃): δ [ppm] = 7.98 (2H, d, J = 8.7 Hz, H²), 7.94 (2H, d, J = 8.5, H³), 7.51 (2H, d, J = 8.7 Hz, H¹), 7.48 (2H, d, J = 8.8 Hz, H), 7.45 (2H, ddd, J = 8.2,

J = 6.9 Hz, J = 1.3 Hz, H^4), 7.30 (2H, ddd, J = 8.3, J = 7.0 Hz, J = 1.4 Hz, H^5), 5.69 (2H, s, H^7).

^{13}C-NMR (100 MHz, CDCl$_3$): δ [ppm] = 151.3 (C$_q$), 132.2 (C$_q$), 131.8 (C$_q$), 130.4 (CH), 128.4 (CH), 126.9 (CH), 126.14 (CH), 126.09 (C$_q$), 125.0 (CH), 121.0 (CH), 103.2 (CH$_2$).

IR (ATR) ṽ (cm^{-1}) = 3055 (w), 3006 (w), 2969 (w), 2948 (w), 2897 (m), 2863 (w), 2843 (w), 2798 (w), 1954 (w), 1909 (w), 1710 (w), 1653 (w), 1618 (m), 1590 (m), 1508 (s), 1482 (w), 1460 (m), 1432 (w), 1404 (w), 1357 (m), 1328 (s), 1274 (m), 1263 (m), 1240 (vs), 1213 (m), 1201 (s), 1155 (m), 1140 (m), 1124 (w), 1084 (s), 1043 (m), 1023 (m), 1003 (vs), 971 (m), 927 (m), 914 (w), 864 (w), 836 (w), 818 (vs), 800 (w), 775 (w), 750 (vs), 726 (w), 713 (w), 664 (m).

HR-MS (ESI): ber. für [C$_{21}$H$_{14}$O$_2$+H]$^+$: 299.10666, gef.: 299.10544; δ = 4.1 ppm.

(*R*)-2,2'-Bis(methoxymethoxy)-1,1'-binaphthyl-3,3'-bis(boronsäurepinacolester) (15)

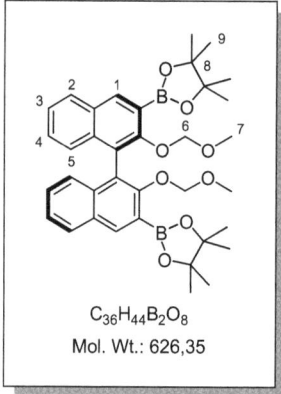

C$_{36}$H$_{44}$B$_2$O$_8$
Mol. Wt.: 626,35

In einem ausgeheizten Dreihalskolben wurde das geschützte BINOL-Derivat **2** (2.81 g, 7.50 mmol) unter N$_2$-Atmosphäre in abs. Et$_2$O (100 mL) suspendiert und mit TMEDA (4.50 mL, 3.49 g, 30.0 mmol, 4 eq.) versetzt. Bei RT wurde *n*-BuLi (12.0 mL, 2.5 M in *n*-Hx, 30.0 mmol, 4 eq.) langsam zugetropft. Die braune Suspension wurde 7 h gerührt. Anschließend wurde bei -78 °C Pinacol-*iso*-propylborat (6.12 mL, 5.58 g, 30.0 mmol, 4 eq.) zugetropft. Die Suspension wurde 15 h gerührt. Bei 0 °C wurde langsam ges. NH$_4$Cl-Lsg. (100 mL) zugegeben. Nach der Phasentrennung wurde die wässrige Phase mit Et$_2$O (4 x 100 mL) extrahiert. Der Rückstand (wässrige Phase) wurde filtriert. Es wurde noch einmal mit Et$_2$O extrahiert. Die fünf vereinigten organischen Phasen wurden mit ges. NaCl-Lsg. gewaschen, getrocknet und eingeengt. Umkristallisation aus *c*-Hx lieferte das Produkt **15** als weißen Feststoff (2.95 g, 4.70 mmol, 63 %).

R_f (c-Hx / EE = 3:1): 0.39.

¹H-NMR (400 MHz, CDCl$_3$): δ [ppm] = 8.45 (2H, s, H^1), 7.89 (2H, d, J = 8.1 Hz, H^2), 7.36 (2H, ddd, J = 8.1 Hz, J = 6.8 Hz, J = 1.3 Hz, H^3), 7.26 (2H, ddd, J = 8.4 Hz, J = 6.7 Hz, J = 1.4 Hz, H^4), 7.18 (2H, d, J = 8.4 Hz, H^5), 4.88 (4H, m, H^6), 2.28 (6H, s, H^7), 1.38 (24H, s, H^8).

¹³C-NMR (100 MHz, CDCl$_3$): δ [ppm] = 157.1 (C$_q$), 139.2 (CH), 136.1 (C$_q$), 130.2 (C$_q$), 128.2 (CH), 127.2 (CH), 126.8 (CH), 125.8 (C$_q$), 124.6 (CH), 100.0 (CH$_2$), 82.8 (C$_q$), 55.5 (CH$_3$), 24.9 (CH$_3$).

Die analytischen Daten stimmen mit den in der Literatur angegebenen Daten überein.[222]

(R)-3,3'-Dibrom-2,2'-bis(methoxymethoxy)-1,1'-binaphthyl (17)

In einem ausgeheizten Dreihalskolben wurde das geschützte BINOL-Derivat **2** (2.81 g, 7.50 mmol) unter N$_2$-Atmosphäre in abs. Et$_2$O (100 mL) suspendiert und mit TMEDA (4.50 mL, 3.49 g, 30.0 mmol, 4 eq.) versetzt. Bei RT wurde n-BuLi (12.0 mL, 2.5 M in n-Hx, 30.0 mmol, 4 eq.) langsam zugetropft. Die braune Suspension wurde 5 h gerührt. Anschließend wurde bei -78 °C Dibromtetrachlorethan (7.33 g, 22.5 mmol, 3 eq.) zugegeben. Die Suspension wurde 15 h gerührt. Bei 0 °C wurde langsam ges. NH$_4$Cl-Lsg. (50 mL) zugegeben. Nach der Phasentrennung wurde die wässrige Phase mit Et$_2$O (2 x 50 mL) extrahiert. Die vereinigten organischen Phasen wurden mit ges. NaCl-Lsg. gewaschen, getrocknet und eingeengt. Säulenchromatographie (SiO$_2$, c-Hx / EE = 25:1) und anschließende Umkristalisation aus n-Hx / Et$_2$O lieferten das Produkt **17** als weiße Kristalle (2.38 g, 4.47 mmol, 60 %)

C$_{24}$H$_{20}$Br$_2$O$_4$
Mol. Wt.: 532,22

R_f (c-Hx / EE = 3:1): 0.70.

¹H-NMR (400 MHz, CDCl$_3$): δ [ppm] = 8.27 (2H, s, H^1), 7.80 (2H, d, J = 8.2 Hz, H^2), 7.44 (2H, ddd, J = 8.1 Hz, J = 6.8 Hz, J = 1.0 Hz, H^3), 7.30 (2H, ddd, J = 8.3 Hz, J = 6.8 Hz,

J = 1.3 Hz, H^4), 7.18 (2H, dd, J = 8.6 Hz, J = 0.6 Hz, H^5), 4.82 (4H, m, H^6), 2.57 (6H, d, J = 0.4 Hz, H^7).

^{13}C-NMR (100 MHz, CDCl$_3$): δ [ppm] = 150.2 (C$_q$), 133.1 (CH), 133.0 (C$_q$), 131.5 (C$_q$), 127.4 (C$_q$), 126.9 (2 x C, CH), 126.6 (CH), 126.1 (CH), 117.4 (C$_q$), 99.2 (CH$_2$), 56.3 (CH$_3$).

IR (ATR) $\tilde{\nu}$ (cm^{-1}) = 3496 (br), 3374 (br), 3058 (w), 2991 (w), 2951 (m), 2929 (m), 2907 (w), 2826 (w), 1703 (w), 1617 (w), 1577 (w), 1563 (w), 1493 (m), 1461 (w), 1449 (m), 1419 (m), 1386 (s), 1349 (s), 1328 (w), 1265 (w), 1235 (s), 1203 (s), 1159 (vs), 1086 (m), 1028 (w), 1003 (s), 987 (s), 960 (vs), 907 (s), 884 (m), 851 (w), 821 (w), 802 (w), 793 (w), 779 (w), 748 (s).

HR-MS (ESI): ber. für [C$_{24}$H$_{20}$Br$_2$O$_4$+Na]$^+$: 554.96001, gef.: 554.95993; δ = 0.2 ppm.

Die analytischen Daten stimmen mit den in der Literatur angegebenen Daten überein.[219]

(*R*)-3,3'-Dibrom-1,1'-bi-2-naphthol (18)

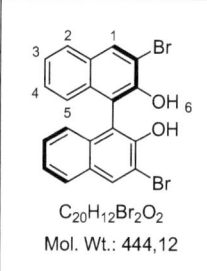

Das geschützte BINOL-Derivat **17** (500 mg, 939 µmol) wurde in 1,4-Dioxan (7 mL) gelöst und mit konz. HCl (5 mL) versetzt. Es wurde 15 h bei RT gerührt. Der gebildete Niederschlag wurde mit H$_2$O gewaschen und getrocknet. Das Produkt **18** wurde als weißer Feststoff (409 mg, 921 µmol, 98 %) erhalten.

R$_f$ (*c*-Hx / EE = 3:1): 0.61.

^{1}H-NMR (400 MHz, CDCl$_3$): δ [ppm] = 8.25 (2H, s, H^1), 7.81 (2H, d, J = 8.1 Hz, H^2), 7.38 (2H, ddd, J = 8.1 Hz, J = 6.8 Hz, J = 1.3 Hz, H^3), 7.31 (2H, ddd, J = 8.4 Hz, J = 6.9 Hz, J = 1.4 Hz, H^4), 7.10 (2H, d, J = 8.5, H^5), 5.55 (2H, s, H^6).

^{13}C-NMR (100 MHz, CDCl$_3$): δ [ppm] = 148.1 (C$_q$), 132.8 (CH), 129.8 (C$_q$), 127.6 (CH), 127.4 (CH), 124.9 (CH), 124.7 (CH), 114.7 (C$_q$), 112.3 (C$_q$).

IR (ATR) $\tilde{\nu}$ (cm^{-1}) = 3495 (s), 3279 (br), 3057 (m), 2974 (w), 2933 (w), 2889 (w), 1952 (w), 1928 (w), 1907 (w), 1830 (w), 1802 (w), 1764 (w), 1699 (m), 1616 (w), 1580 (m), 1498 (s),

1450 (s), 1422 (s), 1392 (s), 1378 (vs), 1358 (vs), 1327 (m), 1297 (m), 1277 (m), 1264 (vs), 1249 (s), 1205 (vs), 1188 (s), 1145 (vs), 1137 (vs), 1078 m), 1028 (w), 1007 (m), 976 (w), 953 (w), 953 (w), 935 (w), 912 (w), 883 (m), 870 (w), 851 (w), 822 (w), 791 (s), 773 (m), 748 (vs), 731 (w), 705 (w), 684 (w).

HR-MS (ESI): ber. für [$C_{20}H_{12}Br_2O_2$-H]$^-$: 442.90998, gef.: 442.91152; δ = 3.5 ppm.

Die analytischen Daten stimmen mit den in der Literatur angegebenen Daten überein.[219]

Kalium-(2-thienyl)trifluoroborat (20)

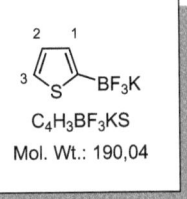

2-Thiophenboronsäure (985 mg, 7.70 mmol) und Kaliumhydrogendifluorid (1.49 g, 19.1 mmol, 2.5 eq.) wurden in einem Gemisch aus MeOH (2 mL) und H_2O (4 mL) gelöst. Nach 3 h wurde der braune Niederschlag abfiltriert und aus Aceton und MTBE umkristallisiert. Das Produkt 20 wurde als grauer Feststoff (1.05 g, 5.54 mmol, 72 %) erhalten.

^{1}**H-NMR** (400 MHz, (Aceton-d_6): δ [ppm] = 7.15 (1H, d, J = 4.7 Hz, H^1), 6.97 (1H, br, H^3), 6.90 (1H, m, H^2)

^{13}**C-NMR** (100 MHz, Aceton-d_6): δ [ppm] = 128.1 (CH), 127.0 (CH), 124.5 (CH).

Die analytischen Daten stimmen mit den in der Literatur angegebenen Daten überein.[223]

(R)-(3,3'-Bis(3-thienyl)-1,1'-binaphthalen-2,2'-diyl)-phosphorsäurechlorid (21)

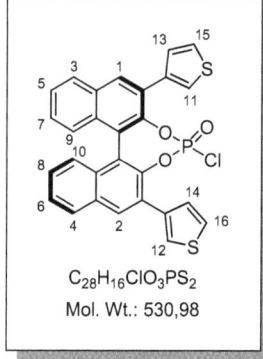

$C_{28}H_{16}ClO_3PS_2$
Mol. Wt.: 530,98

In einem ausgeheizten Schlenkkolben wurden das BINOL-Derivat **6** (90.1 mg, 200 µmol) und Poly(4-vinylpyridin) (210 mg, 2.00 mmol, 10 eq.) bei 10^{-1} mbar für 1 h getrocknet. Anschließend wurde abs. DCM (8 mL) zugegeben und langsam frisch destilliertes $POCl_3$ (56 µL, 600 µmol, 3 eq.) zugetropft. Das Gemisch wurde für 40 h auf 30 °C erwärmt. Anschließend wurde das Polymer über Watte abfiltriert und das Filtrat eingeengt. Das Rohprodukt **21** wurde als weißer Feststoff (118 mg, quant.) erhalten und ohne Aufreinigung weiter eingesetzt.

R_f (c-Hx / EE = 3:1): 0.50.

^{1}H-NMR (400 MHz, $CDCl_3$): δ [ppm] = 8.24 (1H, s, H^1/H^2), 8.19 (1H, s, H^2/H^1), 8.00 (1H, d, J = 8.3 Hz, H^3/H^4), 7.99 (1H, d, J = 8.3 Hz, H^4/H^3), 7.86 (1H, dd, J = 3.0 Hz, J = 1.2 Hz, H^{11}/H^{12}), 7.75 (1 H, dd, J = 3.0 Hz, J = 1.2 Hz, H^{12}/H^{11}), 7.60 (1H, dd, J = 4.9 Hz, J = 1.2 Hz, H^{13}/H^{14}), 7.55 (1H, dd, J = 5.1 Hz, J = 1.2 Hz, H^{14}/H^{13}), 7.57-7.51 (2H, m), 7.48 (1H, dd, J = 5.1 Hz, J = 3.0 Hz, H^{15}/H^{16}), 7.46 (1H, dd, J = 5.1 Hz, J = 3.0 Hz, H^{16}/H^{15}), 7.36-7.27 (4H, m).

^{13}C-NMR (100 MHz, $CDCl_3$): δ [ppm] = 144.00 (d, J = 4 Hz, C_q), 143.8 (d = 3 Hz, C_q), 136.3 (C_q), 136.0 (C_q), 132.01 (d, J = 2 Hz, C_q), 131.92 (d, J = 2 Hz, C_q), 131.6 (C_q), 131.3 (CH), 130.8 (CH), 129.1 (CH), 128.81 (CH), 128.76 (CH), 128.55 (CH), 128.50 (CH), 128.46 (CH), 128.41 (CH), 128.25 (C_q), 127.9 (d, = 4 Hz, C_q), 127.1 (CH), 127.0 (CH), 126.7 (CH), 126.04 (CH), 126.00 (CH), 125.8 (CH), 125.7 (CH), 125.2 (CH), 125.0 (CH), 123.0 (d, J = 3 Hz, C_q), 122.7 (d, J = 3 Hz, C_q).

IR (ATR) $\tilde{v}$ (cm^{-1}) = 3502 (br), 3106 (w), 3056 (w), 2969 (w), 2925 (w), 2853 (w), 1956 (w), 1806 (w), 1701 (w), 1598 (w), 1570 (w), 1529 (w), 1498 (w), 1452 (w), 1425 (m), 1393 (w), 1376 (w), 1361 (m), 1353 (w), 1308 (vs), 1262 (w), 1241 (m), 1205 (s), 1184 (m), 1167 (m), 1149 (s), 1136 (m), 1127 (m), 1077 (w), 1028 (w), 1012 (w), 985 (s), 966 (s), 926 (s), 909 (s),

900 (s), 854 (s), 838 (m), 823 (w), 795 (s), 785 (m), 775 (w), 752 (s), 725 (m), 699 (m), 671 (m).

HR-MS (ESI): ber. für $[C_{28}H_{16}ClO_3PS_2+Na]^+$: 552.98592, gef.: 552.98477; δ = 2.1 ppm.

3-(4-Bromphenyl)thiophen (22)

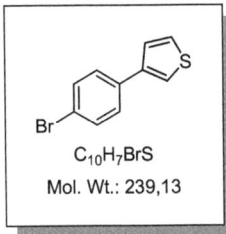

$C_{10}H_7BrS$
Mol. Wt.: 239,13

4-Brom-1-iodbenzol (6.23 g, 22.0 mmol), 3-Thiophenboronsäure (2.82 g, 22 mmol, 1 eq.), Tetrakis(triphenylphosphin)palladium (890 mg, 770 µmol, 3.5 mol%) und Kaliumcarbonat (15.2 g, 110 mmol, 5 eq.) wurde unter N_2-Atmosphäre und Lichtausschluss in einem Gemisch aus THF (60 mL), Toluol (60 mL) und H_2O (30 mL) suspendiert und für 20 h auf 85 °C erhitzt. Das Reaktionsgemisch wurde anschließend mit DCM verdünnt und mit H_2O versetzt. Nach der Phasentrennung wurde die wässrige Phase einmal mit DCM extrahiert. Die vereinigten organischen Phasen wurden mit H_2O gewaschen, getrocknet und eingeengt. Aufeinanderfolgende Säulenchromatographie (SiO_2, 1. Säulenchromatographie: c-Hx / EE = 20:1, 2. Säulenchromatographie: c-Hx / DCM = 15:1) lieferten das Produkt **22** als weißen Feststoff (2.67 g, 11.2 mmol, 51 %).

R_f (c-Hx / EE = 3:1): 0.77.

^{1}H-NMR (400 MHz, $CDCl_3$): δ [ppm] = 7.54-7.50 (2H, m), 7.48-7.43 (3H, m), 7.41-7.38 (1H, m), 7.36-7.34 (1H, m).

^{13}C-NMR (100 MHz, $CDCl_3$): δ [ppm] = 141.2 (C_q), 134.8 (C_q), 131.9 (CH), 128.0 (CH), 126.6 (CH), 126.1 (CH), 121.1 (C_q), 120.7 (CH).

Die analytischen Daten stimmen mit den in der Literatur angegebenen Daten überein.[224]

(*R*)-3,3'-Bis(4-(3-thienyl)phenyl)-2,2'-dimethoxy-1,1'-binaphthyl (23)

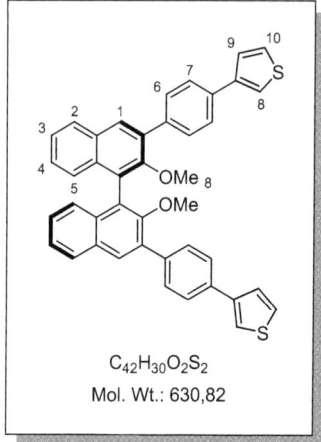

C$_{42}$H$_{30}$O$_2$S$_2$
Mol. Wt.: 630,82

Unter N$_2$-Atmosphäre wurden in einem Schlenkkolben die Diboronsäure **4** (804 mg, 2.00 mmol), das Arylbromid X (1.43 g, 6.00 mmol, 3 eq.), Tetrakis-(triphenylphosphin)-palladium (231 mg, 200 μmol, 10 mol%) und Kaliumcarbonat (829 mg, 6.00 mmol, 3 eq.) vorgelegt. Der Kolben wurde vor Licht geschützt und mit entgastem THF (20 mL), entgastem H$_2$O (20 mL) versetzt. Das Reaktionsgemisch wurde für 24 h auf 80 °C erhitzt. Das Gemisch wurde mit 1 M HCl (100 mL) versetzt und mit DCM verdünnt. Nach der Phasentrennung wurde die wässrige Phase mit DCM extrahiert. Die vereinigten organischen Phasen wurden mit H$_2$O gewaschen, getrocknet und eingeengt. Säulenchromatographie (SiO$_2$, *c*-Hx / DCM = 15:1, anschließend *c*-Hx / EE = 100:1) lieferte das Produkt **23** als weißen Feststoff (830 mg, 1.32 mmol, 66 %)

R$_f$ (*c*-Hx / EE = 15:1): 0.44; (*c*-Hx / DCM = 15:1): 0.00.

^{1}H-NMR (400 MHz, CDCl$_3$): δ [ppm] = 8.02 (2H, s, H^1), 7.93 (2H, d, *J* = 8.2 Hz, H^2), 7.83 (4H, d, *J* = 8.6 Hz, H^6/H^7), 7.71 (4H, d, *J* = 8.6 Hz, H^7/H^6), 7.54 (2H, dd, *J* = 2.9 Hz, *J* = 1.4 Hz, H^8), 7.48 (2H, dd, *J* = 5.1 Hz, *J* = 1.4 Hz, H^9), 7.42 (2H, dd, *J* = 5.1 Hz, *J* = 2.9 Hz, H^{10}), 7.42 (2H, ddd, *J* = 8.1 Hz, *J* = 6.3 Hz, *J* = 1.8 Hz, H^3), 7.31-7.23 (4H, m, H^4, H^5), 3.23 (6H, s, H^{11}).

^{13}C-NMR (100 MHz, CDCl$_3$): δ [ppm] = 154.1 (C$_q$), 142.0 (C$_q$), 137.7 (C$_q$), 134.8 (C$_q$), 134.6 (C$_q$), 133.7 (C$_q$), 130.9 (C$_q$), 130.4 (CH), 129.8 (CH), 128.1 (CH), 126.35 (3 x C, CH), 126.30 (CH), 126.0 (C$_q$), 125.8 (CH), 125.1 (CH), 120.33 (CH), 60.6 (CH$_3$).

IR (ATR) ṽ (cm^{-1}) = 3734 (w), 3515 (w), 3103 (w), 3055 (w), 3036 (w), 2966 (w), 2933 (m), 2869 (w), 2854 (w), 2833 (w), 1950 (w), 1915 (w), 1793 (w), 1703 (w), 1620 (w), 1590 (w), 1564 (w), 1536 (w), 1502 (m), 1491 (m), 1456 (m), 1442 (m), 1422 (w), 1399 (s), 1354 (m), 1330 (w), 1304 (w), 1249 (s), 1215 (m), 1202 (m), 1173 (w), 1149 (m), 1140 (w), 1131 (w),

1113 (w), 1080 (w), 1044 (s), 1035 (m), 1017 (s), 979 (w), 953 (w), 936 (w), 916 (w), 895 (m), 864 (m), 843 (s), 812 (w), 780 (vs), 746 (vs), 736 (w), 726 (w), 697 (w), 677 (w).

HR-MS (ESI): ber. für $[C_{42}H_{30}O_2S_2]^+$: 630.16817, gef.: 630.16796; δ = 0.3 ppm.

(*R*)-3,3'-Bis(4-(3-thienyl)phenyl)-1,1'-bi-2-naphthol (24)

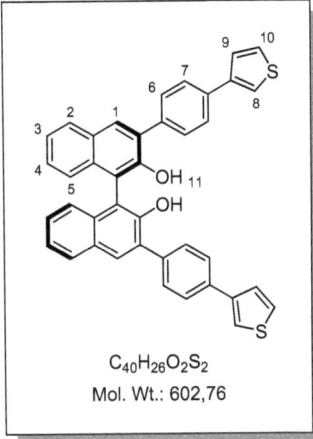

Das geschützte BINOL-Derivat **23** (300 mg, 475 µmol) wurde in einem ausgeheizten Kolben unter N_2-Atmosphäre in abs. DCM (40 mL) gelöst und bei 0 °C langsam mit BBr_3 (2.38 mL, 1 M in DCM, 2.38 mmol, 5 eq.) versetzt. Die Reaktionslösung wurde 5 h bei 0 °C gerührt, mit H_2O versetzt und langsam auf RT erwärmt. Es wurde mit DCM und H_2O verdünnt. Nach der Phasentrennung wurde die wässrige Phase mit DCM extrahiert. Die vereinigten organischen Phasen wurden mit H_2O gewaschen, getrocknet und eingeengt. Säulenchromatographie (SiO_2, *c*-Hx / EE = 15:1) lieferte das Produkt **24** als weißen Feststoff (242 mg, 402 µmol, 85 %).

R_f (*c*-Hx / DCM = 1:1): 0.28.

¹H-NMR (400 MHz, $CDCl_3$): δ [ppm] = 8.08 (2H, s, H^1), 7.95 (2H, d, *J* = 8.0 Hz, H^2), 7.80 (4H, d, *J* = 8.5 Hz, H^6/H^7), 7.73 (4H, d, *J* = 8.5 Hz, H^7/H^6), 7.53 (2H, dd, *J* = 2.9 Hz, *J* = 1.4 Hz, H^8), 7.46 (2H, dd, *J* = 5.0 Hz, *J* = 1.4 Hz, H^9), 7.42 (2H, dd, *J* = 5.0 Hz, *J* = 3.0 Hz, H^{10}), 7.41 (2H, ddd, *J* = 8.1 Hz, *J* = 6.8 Hz, *J* = 1.3 Hz, H^3), 7.34 (2H, ddd, *J* = 8.3 Hz, *J* = 6.9 Hz, *J* = 1.4 Hz, H^4), 7.25 (2H, d, *J* = 8.3 Hz, H^5), 5.40 (2H, s, H^{11}).

¹³C-NMR (100 MHz, $CDCl_3$): δ [ppm] = 150.3 (C_q), 142.0 (C_q), 136.3 (C_q), 135.3 (C_q), 133.0 (C_q), 131.3 (CH), 130.3 (C_q), 130.1 (CH), 129.6 (C_q), 128.5 (CH), 127.5 (CH), 126.5 (CH), 126.4 (CH), 126.3 (CH), 124.4 (CH), 124.3 (CH), 120.6 (CH), 112.4 (C_q).

IR (ATR) $\tilde{\nu}$ (cm^{-1}) = 3505 (m), 3321 (br), 3103 (w), 3054 (m), 3034 (w), 2972 (m), 2927 (w), 2852 (w), 1948 (w), 1917 (w), 1801 (w), 1700 (s), 1619 (m), 1594 (m), 1536 (w), 1502 (s), 1441 (s), 1415 (s), 1404 (s), 1380 (s), 1360 (vs), 1333 (m), 1318 (m), 1292 (w), 1256 (m), 1241 (s), 1215 (m), 1198 (s), 1171 (s), 1146 (s), 1127 (vs), 1085 (w), 1066 (w), 1038 (w), 1026 (w), 1018 (w), 995 (w), 952 (w), 937 (w), 895 (w), 880 (w), 864 (m), 845 (s), 811 (w), 785 (vs), 751 (s), 740 (vs), 722 (w), 701 (m), 674 (w).

HR-MS (ESI): ber. für [C$_{40}$H$_{24}$O$_2$S$_2$-2H]$^+$: 600.12122, gef.: 600.11886; δ = 3.9 ppm.

(*R*)-(3,3'-Bis(4-(3-thienyl)phenyl)-1,1'-binaphthalen-2,2'-diyl)-phosphorsäure (25)

In einem ausgeheizten Schlenkkolben wurde das BINOL-Derivat **24** (100 mg, 166 µmol) unter N$_2$-Atmosphäre in trockenem Pyridin (4.5 mL) gelöst, mit POCl$_3$ (46 µL, 75.7 mg, 498 µmol, 3 eq.) versetzt und 20 h bei RT gerührt. Anschließend wurde THF (15 mL) und 1 M HCl (30 mL) zugegeben und der pH-Wert auf pH = 2 eingestellt. Das Gemisch wurde 15 h auf 50 °C erhitzt. Das Rohprodukt wurde als weißer Niederschlag abfiltriert. Säulenchromatographie (SiO$_2$, DCM / MeOH = 50:1) lieferte das Produkt **25** als weißen Feststoff (80.0 mg, 121 µmol, 73 %).

C$_{40}$H$_{25}$O$_4$PS$_2$
Mol. Wt.: 664,73

R$_f$ (DCM / MeOH = 7:1): 0.52.

^{1}H-NMR (400 MHz, CD$_3$OD): δ [ppm] = 8.10 (2H, s, H^1), 8.01 (2H, d, *J* = 8.4 Hz, H^2), 7.94 (4H, d, *J* = 8.3 Hz, H^6/H^7), 7.73 (4H, d, *J* = 8.3 Hz, H^7/H^6), 7.65 (2H, dd, *J* = 2.9 Hz, *J* = 1.5 Hz, H^8), 7.50 (2H, dd, *J* = 5.0 Hz, *J* = 1.5 Hz, H^9), 7.48 (2H, dd, *J* = 5.0 Hz, *J* = 2.9 Hz, H^{10}), 7.44 (2H, ddd, *J* = 8.1 Hz, *J* = 6.4 Hz, *J* = 1.5 Hz, H^3), 7.25 (2H, ddd, *J* = 8.1 Hz, *J* = 6.6 Hz, *J* = 1.3 Hz, H^4), 7.21 (2H, d, *J* = 8.2 Hz, H^5).

^{13}C-NMR (100 MHz, CD$_3$OD): δ [ppm] = 143.4 (C$_q$), 138.2 (C$_q$), 136.1 (C$_q$), 133.6 (C$_q$), 132.5 (C$_q$), 131.8 (CH), 131.6 (CH), 129.5 (CH), 127.8 (CH), 127.3 (CH), 127.2 (CH), 127.1 (CH), 127.0 (CH), 126.3 (CH), 124.5 (C$_q$), 121.2 (CH).

Vermutlich auf Grund einer Überlagerung fehlen zwei Signale für quartäre Kohlenstoffatome.

IR (ATR) ṽ (cm^{-1}) = 3622 (w), 3103 (w), 3069 (w), 3053 (w), 2970 (w), 2925 (w), 2853 (w), 1952 (w), 1925 (w), 1700 (m), 1621 (w), 1608 (w), 1594 (w), 1561 (w), 1537 (w), 1503 (m), 1466 (w), 1447 (w), 1428 (m), 1413 (s), 1403 (m), 1362 (m), 1331 (m), 1251 (s), 1220 (m), 1198 (m), 1185 (s), 1152 (m), 1105 (vs), 1078 (m), 1038 (w), 1019 (w), 999 (m), 972 (s), 957 (m), 914 (w), 894 (m), 886 (m), 862 (s), 836 (s), 783 (vs), 751 (s), 741 (s), 736 (s), 716 (w), 689 (m).

HR-MS (ESI): ber. für [C$_{40}$H$_{25}$O$_4$PS$_2$-H]$^-$: 663.08481, gef.: 663.08378; δ = 1.6 ppm.

(R)-(3,3'-Bis(4-(3-thienyl)phenyl)-1,1'-binaphthalen-2,2'-diyl)-phosphorsäurechlorid (26)

In einem ausgeheizten Schlenkkolben wurden das BINOL-Derivat **24** (102 mg, 170 µmol) und Poly(4-vinylpyridin) (179 mg, 1.70 mmol, 10 eq.) bei 10^{-1} mbar für 1 h getrocknet. Anschließend wurde abs. DCM (7 mL) zugegeben und langsam frisch destilliertes POCl$_3$ (48 µL, 510 µmol, 3 eq.) zugetropft. Das Gemisch wurde für 40 h auf 30 °C erwärmt. Anschließend wurde das Polymer über Watte abfiltriert und das Filtrat eingeengt. Das Rohprodukt **26** wurde als weißer Feststoff (132 mg, quant.) erhalten und ohne Aufreinigung weiter eingesetzt.

C$_{40}$H$_{24}$ClO$_3$PS$_2$
Mol. Wt.: 683,17

^{1}H-NMR (400 MHz, CDCl$_3$): δ [ppm] = 8.17 (1H, s, H^1/H^2), 8.13 (1H, s, H^2/H^1), 8.04 (1H, d, J = 8.0 Hz, H^3/H^4), 8.02 (1H, d, J = 8.0 Hz, H^4/H^3), 7.79 (2H, d, J = 8.2 Hz, H^{11}/H^{12}/H^{13}/H^{14}),

7.74 (4H, m), 7.73 (2H, d, J = 8.2 Hz, $H^{12}/H^{11}/H^{14}/H^{13}$), 7.60-7.52 (4H, m), 7.50-7.35 (8H, m).

^{13}C-NMR (100 MHz, CDCl$_3$): δ [ppm] = 144.1 (d, J = 3 Hz, C$_q$), 144.0 (d, J = 3 Hz, C$_q$), 141.9 (C$_q$), 141.7 (C$_q$), 135.5 (d, J = 3 Hz, C$_q$), 135.0 (C$_q$), 134.9 (C$_q$), 133.5 (d, J = 3 Hz, C$_q$), 133.1 (d, J = 3 Hz, C$_q$), 132.05 (C$_q$), 132.03 (C$_q$), 132.01 (CH), 131.98 (C$_q$), 131.87 (CH), 131.85 (CH), 131.76 (CH), 130.33 (CH), 130.28 (CH), 128.67 (CH), 128.61 (CH), 127.16 (CH), 127.12 (CH), 127.07 (CH), 126.74 (CH), 126.62 (CH), 126.55 (C$_q$), 126.51 (CH), 126.44 (CH), 126.35 (CH), 126.30 (C$_q$), 123.0 (d, J = 3 Hz, C$_q$), 122.8 (d, J = 3 Hz, C$_q$), 120.8 (CH), 120.6 (CH).

IR (ATR) $\tilde{v}$ (cm^{-1}) = 3506 (br), 3102 (w), 3072 (w), 3053 (w), 3037 (w), 2970 (w), 2925 (w), 2853 (w), 2178 (br), 1910 (w), 1704 (m), 1648 (m), 1610 (w), 1597 (w), 1564 (w), 1536 (m), 1504 (m), 1463 (w), 1447 (w), 1427 (m), 1413 (m), 1362 (m), 1312 (vs), 1243 (s), 1189 (vs), 1173 (s), 1150 (vs), 1132 (s), 1114 (m), 1077 (s), 1039 (m), 1030 (m), 1018 (m), 991 (s), 971 (vs), 962 (vs), 907 (vs), 897 (s), 889 (vs), 874 (s), 865 (s), 845 (vs), 782 (vs), 753 (s), 737 (vs), 721 (m), 692 (s), 665 (m).

HR-MS (ESI): ber. für [C$_{40}$H$_{24}$ClO$_3$PS$_2$+Na]$^+$: 705.04852, gef.: 705.04658; δ = 2.8 ppm; ber. für [C$_{40}$H$_{24}$ClO$_3$PS$_2$+K]$^+$: 721.02246, gef.: 721.02061; δ = 2.7 ppm.

(*R*) -3,3'-Dibrom-2,2'-dimethoxy-1,1'-binaphthyl (27)

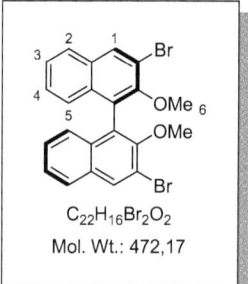

C$_{22}$H$_{16}$Br$_2$O$_2$
Mol. Wt.: 472,17

In einem ausgeheizten Dreihalskolben wurde das geschütze BINOL-Derivat **3** (943 mg, 3.00 mmol) unter N$_2$-Atmosphäre in abs. Et$_2$O (35 mL) suspendiert und mit TMEDA (1.80 mL, 1.39 g, 12.0 mmol, 4 eq.) versetzt. Bei RT wurde *n*-BuLi (4.80 mL, 2.5 M in *n*-Hx, 12.0 mmol, 4 eq.) langsam zugetropft. Die braune Suspension wurde 21 h gerührt und anschließend bei -78 °C im N$_2$-Gegenstrom mit Dibromtetrachlorethan (2.93 g, 9.00 mmol, 3 eq.) versetzt. Die Suspension wurde 20 h gerührt, mit EE verdünnt und bei 0 °C langsam mit NH$_4$Cl-Lsg. (10 mL) versetzt. Nach 1 h wurden die Phasen getrennt und die wässrige Phase wurde zweimal mit EE extrahiert. Die vereinigten organischen Phasen wurden getrocknet und eingeengt.

Säulenchromatographie (SiO$_2$, c-Hx / EE = 40:1) und nachfolgende Umkristallisation aus Et$_2$O / c-Hx lieferte das Produkt **27** als weißen Feststoff (1.00 g, 2.12 mmol, 71 %).

^{1}H-NMR (400 MHz, CDCl$_3$): δ [ppm] = 8.27 (2H, s, H^1), 7.82 (2H, d, J = 8.2 Hz, H^2), 7.42 (2H, ddd, J = 8.2 Hz, J = 6.9 Hz, J = 1.2 Hz, H^3), 7.27 (2H, ddd, J = 8.4 Hz, J = 6.9 Hz, J = 1.4 Hz, H^4), 7.08 (2H, d, J = 8.4 Hz, H^5), 3.51 (6H, s, H^6).

^{13}C-NMR (100 MHz, CDCl$_3$): δ [ppm] = 152.6 (C$_q$), 133.1 (C$_q$), 133.0 (CH), 131.5 (C$_q$), 127.2 (CH), 126.9 (CH), 126.6 (C$_q$), 125.9 (CH), 125.8 (CH), 117.5 (C$_q$).

Die analytischen Daten stimmen mit den in der Literatur angegebenen Daten überein.[225]

(R)-3,3'-Dicyano-2,2'-bis(methoxymethoxy)-1,1'-binaphthyl (28)

C$_{26}$H$_{20}$N$_2$O$_4$
Mol. Wt.: 424,45

In einem ausgeheizten Dreihalskolben wurde das Diacetal **2** (2.62 g, 7.00 mmol) unter N$_2$-Atmosphäre in abs. Et$_2$O (125 mL) suspendiert und mit TMEDA (4.19 mL, 3.25 g, 28.0 mmol, 4 eq.) versetzt. Bei RT wurde n-BuLi (11.2 mL, 2.5 M in n-Hx, 28.0 mmol, 4 eq.) langsam zugetropft. Die braune Suspension wurde 15 h gerührt und anschließend bei -78 °C im N$_2$-Gegenstrom mit Tosylcyanid (3.81 g, 21.0 mmol, 3 eq.) versetzt. Die Suspension wurde 20 h gerührt, mit EE verdünnt und bei 0 °C langsam mit NH$_4$Cl-Lsg. versetzt. Nach der Phasentrennung wurde die wässrige Phase mit EE (2 x 100 mL) extrahiert. Die vereinigten organischen Phasen wurden getrocknet und eingeengt. Säulenchromatographie (SiO$_2$, c-Hx / EE = 7:1) lieferte das Produkt **28** als gelben Feststoff (2.20 g, 5.19 mmol, 74 %)

R$_f$ (c-Hx / EE = 3:1): 0.47.

^{1}H-NMR (400 MHz, CDCl$_3$): δ [ppm] = 8.41 (2H, s, H^1), 7.96 (2H, d, J = 8.2 Hz, H^2), 7.53 (2H, ddd, J = 8.1 Hz, J = 7.0 Hz, J = 1.2 Hz, H^3), 7.46 (2H, ddd, J = 8.4 Hz, J = 6.9 Hz,

J = 1.3 Hz, H^4), 7.18 (2H, d, J = 8.5 Hz, H^5), 4.94 (2H, d, J = 6.4 Hz, H^6), 4.77 (2H, d, J = 6.4 Hz, H^6), 2.87 (6H, s, H^7).

^{13}**C-NMR** (100 MHz, CDCl$_3$): δ [ppm] = 152.7 (C$_q$), 137.0 (CH), 135.4 (C$_q$), 130.0 (CH), 129.6 (C$_q$), 128.7 (CH), 126.8 (CH), 126.2 (CH), 125.6 (C$_q$), 116.7 (C$_q$), 107.7 (C$_q$), 99.9 (CH$_2$), 57.0 (CH$_3$).

IR (ATR) ṽ (cm^{-1}) = 3512 (br), 3063 (w), 2994 (w), 2957 (m), 2930 (m), 2830 (w), 2780 (w), 2229 (s), 2079 (w), 1973 (w), 1817 (br), 1702 (w), 1620 (m), 1590 (m), 1569 (w), 1495 (m), 1453 (m), 1430 (m), 1396 (m), 1374 (m), 1354 (s), 1332 (w), 1290 (w), 1260 (w), 1243 (s), 1204 (m), 1183 (m), 1158 (vs), 1106 (m), 1067 (vs), 1030 (w), 1009 (s), 964 (vs), 942 (s), 905 (vs), 863 (w), 851 (m), 818 (w), 784 (m), 755 (s), 737 (w), 703 (w), 678 (w).

MS (EI, 70 eV): *m/z* (%) = 424 (12, [M]$^+$), 348 (100), 318 (38), 289 (10).

HR-MS (EI, 70 eV): ber. für [C$_{26}$H$_{20}$N$_2$O$_4$]$^+$: 424.14231, gef.: 424.14106; δ = 2.9 ppm.

(*R*)-3,3'-Dicyano-2,2'-dimethoxy-1,1'-binaphthyl (29)

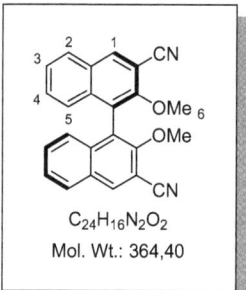

C$_{24}$H$_{16}$N$_2$O$_2$
Mol. Wt.: 364,40

In einem ausgeheizten Dreihalskolben wurde das geschützte BINOL-Derivat **3** (314 mg, 1.00 mmol) unter N$_2$-Atmosphäre in abs. Et$_2$O (15 mL) suspendiert und mit TMEDA (600 μL, 465 mg, 4.00 mmol, 4 eq.) versetzt. Bei RT wurde *n*-BuLi (1.60 mL, 2.5 M in *n*-Hx, 4.00 mmol, 4 eq.) langsam zugetropft. Die braune Suspension wurde 15 h gerührt und anschließend bei -78 °C im N$_2$-Gegenstrom mit Tosylcyanid (544 mg, 3.00 mmol, 3 eq.) versetzt. Die Suspension wurde 20 h gerührt, mit EE verdünnt und bei 0 °C langsam mit NH$_4$Cl-Lsg. versetzt. Nach der Phasentrennung wurde die wässrige Phase zweimal mit EE extrahiert. Die vereinigten organischen Phasen wurden getrocknet und eingeengt. Säulenchromatographie (SiO$_2$, *c*-Hx / EE = 7:1) lieferte das Produkt **29** als gelben Feststoff (253 mg, 695 μmol, 70 %)

R$_f$ (*c*-Hx / EE = 3:1): 0.43.

¹H-NMR (400 MHz, CDCl$_3$): δ [ppm] = 8.40 (2H, s, H^1), 7.97 (2H, d, J = 8.2 Hz, H^2), 7.53 (2H, ddd, J = 8.2 Hz, J = 6.9 Hz, J = 1.2 Hz, H^3), 7.43 (2H, ddd, J = 8.4 Hz, J = 6.9 Hz, J = 1.3 Hz, H^4), 7.11 (2H, d, J = 8.4 Hz, H^5), 3.69 (6H, s, H^6).

¹³C-NMR (100 MHz, CDCl$_3$): δ [ppm] = 155.0 (C$_q$), 137.1 (CH), 135.6 (C$_q$), 130.0 (CH), 129.5 (C$_q$), 128.9 (CH), 126.6 (CH), 125.5 (CH), 124.5 (C$_q$), 116.7 (C$_q$), 106.7 (C$_q$), 62.1 (CH$_3$).

IR (ATR) $\tilde{v}$ (cm^{-1}) = 3517 (br), 3206 (w), 3061 (w), 3000 (w), 2972 (m), 2944 (m), 2885 (w), 2844 (w), 2821 (w), 2229 (vs), 1951 (w), 1825 (w), 1702 (m), 1620 (s), 1589 (s), 1569 (w), 1500 (m), 1494 (s), 1462 (s), 1442 (m), 1411 (vs), 1372 (m), 1354 (vs), 1333 (m), 1290 (m), 1248 (vs), 1209 (s), 1185 (m), 1150 (s), 1105 (s), 1093 (vs), 1036 (m), 1021 (s), 1002 (vs), 976 (s), 960 (m), 915 (m), 901 (s), 864 (m), 851 (w), 812 (w), 784 (m), 754 (vs), 738 (m), 695 (w), 682 (w).

HR-MS (ESI): ber. für [C$_{24}$H$_{16}$N$_2$O$_2$]$^+$: 364.12063, gef.: 364.11986; δ = 2.1 ppm; ber. für [C$_{24}$H$_{16}$N$_2$O$_2$+H]$^+$: 365.12845, gef.: 365.12716; δ = 3.5 ppm.

(*R*)-3,3'-Dicyano-1,1'-bi-2-naphthol (30)

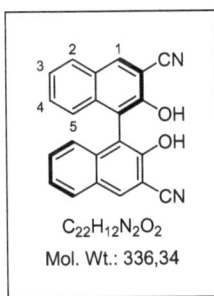

C$_{22}$H$_{12}$N$_2$O$_2$
Mol. Wt.: 336,34

Das Diacetal **28** (1.34 g, 3.15 mmol) wurde in THF gelöst und mit konz. HCl versetzt. Die DC-Kontrolle nach 15 h zeigte vollständigen Umsatz. Das THF wurde unter vermindertem Druck entfernt. Der Rückstand wurde mit H$_2$O verdünnt und mit CHCl$_3$ versetzt. Der weiße Niederschlag wurde filtriert und mit CHCl$_3$ und H$_2$O gewaschen. Das Produkt **30** wurde als weißes Pulver (760 mg, 2.26 mmol, 72 %) erhalten.

R$_f$ (*c*-Hx / EE = 3:1): 0.30.

¹H-NMR (400 MHz, CD$_3$OD): δ [ppm] = 8.46 (2H, s, H^1), 7.97 (2H, dd, J = 6 Hz, J = 2 Hz, H^2), 7.39 (4H, m, H^3+H^4), 6.97 (2H, m, H^5).

¹³C-NMR (100 MHz, CD₃OD): δ [ppm] = 154.6 (C_q), 138.2 (CH), 137.6 (C_q), 130.8 (CH), 130.1 (CH), 129.4 (C_q), 125.7 (CH), 125.3 (CH), 117.9 (C_q), 115.8 (C_q), 104.7 (C_q).

IR (ATR) $\tilde{v}$ (cm⁻¹) = 3302 (br), 3061 (m), 2975 (m), 2933 (m), 2230 (s), 1963 (w), 1809 (w), 1698 (s), 1623 (vs), 1594 (vs), 1502 (s), 1458 (s), 1437 (m), 1393 (s), 1380 (vs), 1359 (vs), 1334 (s), 1309 (s), 1260 (m), 1215 (vs), 1179 (vs), 1162 (s), 1148 (vs), 1097 (s), 1025 (w), 1009 (m), 956 (w), 904 (m), 867 (w), 812 (w), 778 (m), 752 (s), 724 (w), 707 (w), 682 (w).

MS (EI, 70 eV): m/z (%) = 336 (100, [M]⁺), 318 (17), 279 (15), 251 (16), 140 (10), 113 (14).

HR-MS (EI, 70 eV): ber. für [C₂₂H₁₂N₂O₂]⁺: 336.08988, gef.: 336.08868; δ = 3.6 ppm.

(*R*)-(3,3'-Dicyano-1,1'-binaphthalen-2,2'-diyl)-phosphorsäure (31)

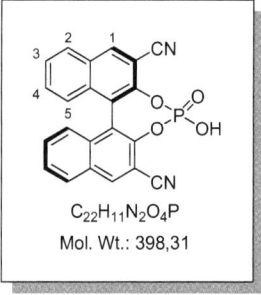

C₂₂H₁₁N₂O₄P
Mol. Wt.: 398,31

Das BINOL-Derivat **30** (336 mg, 1.00 mmol) wurde in einem ausgeheizten Schlenkkolben unter N₂-Atmosphäre in trockenem Pyridin (10 mL) gelöst und bei 0 °C langsam mit POCl₃ (280 µL, 461 mg, 3.00 mmol, 3 eq.) versetzt. Nach 15 h bei RT wurde die Reaktionslösung mit EE verdünnt und der weiße Niederschlag abfiltriert. Das Filtrat wurde bei 0 °C mit 1 M HCl (150 mL) versetzt. Der entstandene weiße Niederschlag wurde abfiltriert und mit zusätzlichem EE und 1 M HCl (30 mL) wieder gelöst. Beide Lösungen wurden getrennt voneinander weiter aufgearbeitet. Die wässrige Phase wurde mit EE extrahiert, mit NaCl-Lsg. gewaschen, getrocknet und eingeengt. Das Produkt **31** wurde als weißer Feststoff (357 mg, 897 µmol, 90 %) erhalten.

¹H-NMR (400 MHz, CD₃OD): δ [ppm] = 8.65 (2H, s, H¹), 8.13 (2H, d, *J* = 8.3 Hz, H²), 7.61 (2H, m, H³), 7.47 (2H, m, H⁴), 7.26 (2H, d, *J* = 8.6 Hz, H⁵).

¹³C-NMR (100 MHz, CD₃OD): δ [ppm] = 147.4 (d, *J* = 9.5 Hz, C_q), 136.9 (CH), 133.6 (C_q), 129.9 (C_q), 129.3 (CH), 129.0 (CH), 126.3 (CH), 126.1 (CH), 122.3 (C_q), 115.4 (C_q), 106.2 (d, *J* = 2 Hz, C_q).

IR (ATR) ṽ (cm^{-1}) = 3380 (br), 3063 (w), 2972 (w), 2929 (w), 2852 (w), 2234 (m), 1701 (m), 1619 (m), 1590 (m), 1502 (m), 1449 (m), 1426 (m), 1405 (w), 1361 (m), 1334 (w), 1290 (s), 1258 (m), 1244 (m), 1209 (m), 1186 (w), 1152 (m), 1116 (s), 1099 (vs), 1031 (w), 1016 (m), 962 (m), 909 (m), 870 (w), 825 (m), 798 (w), 790 (w), 772 (m), 751 (s), 735 (w), 706 (m), 675 (m).

HR-MS (ESI): ber. für [C$_{22}$H$_{11}$N$_2$O$_4$P -H]$^-$: 397.03727, gef.: 397.03684; δ = 1.1 ppm.

(*R*)-5,5',6,6',7,7',8,8'-Octahydro-1,1'-bi-2-naphthol

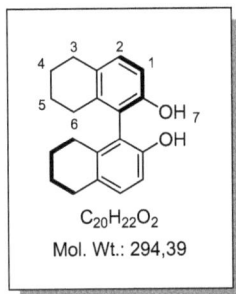

C$_{20}$H$_{22}$O$_2$
Mol. Wt.: 294,39

(*R*)-1,1'-Bi-2-naphthol (7.26 g, 25.0 mmol) und Platindioxid (852 mg, 3.75 mmol, 15 mol%) wurden in 99%iger Essigsäure (90 mL) suspendiert. Das Gemisch wurde unter H$_2$-Atmosphäre (30-50 bar) für 7 Tage gerührt. Das Gemisch wurde anschließend mit H$_2$O (30 mL) und DCM (50 mL) versetzt und über Celite® filtriert. Nach der Phasentrennung wurde die erste organische Phase dreimal mit ges. NaHCO$_3$-Lösung gewaschen, getrocknet und eingeengt. Die wässrige Phase wurde noch zweimal mit DCM extrahiert. Die beiden vereinigten organischen Phasen wurden dreimal mit ges. NaHCO$_3$-Lösung gewaschen, getrocknet und eingeengt. Das Produkt wurde als weißer Feststoff (7.22 g, 24.5 mmol, 98 %) erhalten.

R$_f$ (*c*-Hx / EE = 3:1): 0.49.

^{1}H-NMR (400 MHz, CDCl$_3$): δ [ppm] = 7.07 (2H, d, *J* = 8.4 Hz, H^2), 6.83 (2H, d, *J* = 8.4 Hz, H^1), 4.56 (2H, br, H^7), 2.77-2.73 (4H, m, CH$_2$), 2.34-2.24 (2H, m CH$_2$), 2.21-2.11 (2H, m, CH$_2$), 1.78-1.63 (8H, m CH$_2$).

^{13}C-NMR (100 MHz, CDCl$_3$): δ [ppm] = 151.4 (C$_q$), 137.2 (C$_q$), 131.1 (CH), 130.2 (C$_q$), 118.8 (C$_q$), 113.0 (CH), 29.2 (CH$_2$), 27.1 (CH$_2$), 23.01 (CH$_2$), 23.0 (CH$_2$).

Die analytischen Daten stimmen mit den in der Literatur angegebenen Daten überein.[226]

(*R*)-3,3'-Dibrom-5,5',6,6',7,7',8,8'-Octahydro-1,1'-bi-2-naphthol (47)

(*R*)-5,5',6,6',7,7',8,8'-Octahydro-1,1'-bi-2-naphthol (1.00 g, 3.42 mmol) wurde in DCM (30 mL) gelöst. Bei -30 °C wurde Brom (390 µL, 1.23 g, 7.70 mmol, 2.25 eq.) zugegeben. Nach 30 min. bei -30 °C wurde ges. NaHSO$_4$-Lsg. (40 mL) zugesetzt und über Nacht gerührt. Nach der Phasentrennung wurde die organische Phase mit NaHCO$_3$-Lsg. gewaschen, getrocknet und eingeengt. Das Produkt **47** wurde als leicht gelblicher Feststoff (1.18 g, 2.60 mmol, 76 %) erhalten.

C$_{20}$H$_{20}$Br$_2$O$_2$
Mol. Wt.: 452,18

^{1}**H-NMR** (400 MHz, CDCl$_3$): δ [ppm] = 7.28 (2H, s, H^1), 5.09 (2H, s, H^6), 2.77-2.71 (4H, m, CH$_2$), 2.34-2.24 (2H, m, CH$_2$), 2.13-2.04 (2H, m, CH$_2$), 1.77-1.60 (8H, m, CH$_2$).

^{13}**C-NMR** (100 MHz, CDCl$_3$): δ [ppm] = 147.2 (C$_q$), 136.8 (C$_q$), 132.6 (CH), 131.5 (C$_q$), 122.2 (C$_q$), 107.2 (C$_q$), 29.1 (CH$_2$), 26.9 (CH$_2$), 22.8 (CH$_2$), 22.7 (CH$_2$).

IR (ATR) ṽ (cm^{-1}) = 3508 (br), 2932 (vs), 2875 (m), 2857 (m), 2836 (m), 1700 (m), 1616 (w), 1575 (w), 1452 (vs), 1436 (s), 1422 (m), 1377 (m), 1355 (m), 1314 (s), 1296 (m), 1267 (s), 1250 (m), 1211 (s), 1179 (s), 1159 (s), 1070 (m), 1019 (m), 997 (w), 976 (w), 948 (w), 910 (w), 865 (w), 823 (w), 791 (w), 780 (m), 728 (w).

Die analytischen Daten stimmen mit den in der Literatur angegebenen Daten überein.[226]

(*R*)-3,3'-Dibrom-2'-(*n*-octyldi*iso*propylsilyloxy)-5,5',6,6',7,7',8,8'-octahydro-1,1'-binaphthyl-2-ol (50)

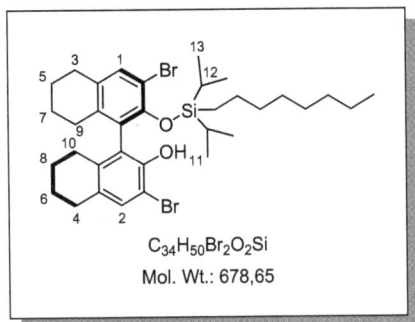

Das BINOL-Derivat **47** (113 mg, 250 µmol) wurde in einem ausgeheizten Schlenkkolben unter N_2-Atmosphäre in abs. DCM (10 mL) gelöst und mit NEt_3 (70 µL, 51 mg, 500 µmol, 2 eq.) versetzt. Anschließend wurde bei RT Dimethyl-*n*-octylsilylchlorid (150 µL, 131 mg, 500 µmol, 2 eq.) zugesetzt. Nach 15 h bei RT wurden H_2O zugegeben. Nach der Phasentrennung wurde die wässrige Phase einmal mit DCM extrahiert. Die vereinigten organischen Phasen wurden mit H_2O gewaschen, getrocknet und eingeengt. Säulenchromatographie (SiO_2, *c*-Hx / EE = 100:1) lieferte das Produkt **50** als weißen Feststoff (105 mg, 155 µmol, 62 %).

R_f (*c*-Hx / EE = 15:1): 0.56.

^{1}H-NMR (400 MHz, $CDCl_3$): δ [ppm] = 7.29 (1H, s, H^1), 7.21 (1H, s, H^2), 5.03 (1H, s, H^{11}), 2.76-2.67 (4H, m, CH_2), 2.40-2.23 (2H, m, CH_2), 2.04-1.93 (2H, m, CH_2), 1.75-1.52 (8H, m, CH_2), 1.35-0.82 (31H, m, ^{i}Pr, *n*-Oct), 0.42-0.32 (1H, m, Si-CH_2), 0.24-0.14 (1H, m, Si-CH_2).

^{13}C-NMR (100 MHz, $CDCl_3$): δ [ppm] = 148.9 (C_q), 147.0 (C_q), 136.8 (C_q), 136.5 (C_q), 133.5 (CH), 132.0 (C_q), 131.8 (CH), 131.3 (C_q), 127.6 (C_q), 124.8 (C_q), 112.4 (C_q), 106.9 (C_q), 34.0 (CH_2), 32.0 (CH_2), 29.34 (CH_2), 29.20 (CH_2), 29.11 (CH_2), 29.08 (CH_2), 27.1 (CH_2), 26.88 (CH_2), 23.3 (CH_2), 22.93 (CH_2), 22.87 (CH_2), 22.80 (CH_2), 22.74 (CH_2), 22.70 (CH_2), 17.92 (CH_3), 17.87 (2 x C, CH_3), 17.6 (CH_3), 14.2 (CH_3), 13.9 (CH), 13.8 (CH), 12.2 (CH_2).

IR (ATR) $\tilde{v}$ (cm^{-1}) = 3522 (m), 2924 (vs), 2861 (vs), 2758 (w), 2724 (w), 2663 (w), 1773 (w), 1726 (w), 1577 (w), 1558 (w), 1447 (vs), 1423 (s), 1405 (m), 1386 (m), 1355 (m), 1339 (m), 1315 (s), 1288 (vs), 1274 (vs), 1267 (vs), 1235 (m), 1211 (s), 1190 m), 1179 (s), 1161 (s), 1139 (w), 1109 (m), 1081 (m), 1072 (s), 1023 (s), 982 (s), 967 (s), 947 (m), 919 (m), 910 (m), 882 (s), 864 (s), 834 (vs), 786 (s), 766 (m), 736 (s), 698 (s), 665 (m).

HR-MS (ESI): ber. für $[C_{34}H_{50}Br_2O_2Si+H]^+$: 679.19991, gef.: 679.19907; δ = 1.2 ppm.

(*R*)-3,3'-Dibrom-2'-((2-(Bicyclo[2.2.1]hept-5-en-2-yl)ethyl)di*iso*propylsilyloxy)-5,5',6,6',7,7',8,8'-octahydro-1,1'-binaphthyl-2-ol (51)

Das BINOL-Derivat **47** (113 mg, 250 µmol) wurde in einem ausgeheizten Schlenkkolben unter N_2-Atmosphäre in abs. DCM (10 mL) gelöst und mit NEt_3 (70 µL, 51 mg, 500 µmol, 2 eq.) versetzt. Anschließend wurde das Silylchlorid **52** (135 mg, 500 µmol, 2 eq.) zugesetzt. Nach 15 h bei RT wurden H_2O zugegeben. Nach der Phasentrennung wurde die wässrige Phase einmal mit DCM extrahiert. Die vereinigten organischen Phasen wurden mit H_2O gewaschen, getrocknet und eingeengt. Säulenchromatographie (SiO_2, *c*-Hx / EE = 100:1) lieferte das Produkt **51** als weißen Feststoff (100 mg, 145 µmol, 58 %). **51** wurde als Diastereomerengemisch und *endo*/*exo*-Gemisch erhalten.

$C_{35}H_{46}Br_2O_2Si$
Mol. Wt.: 686,63

R$_f$ (*c*-Hx / EE = 15:1): 0.76.

^{1}H-NMR (400 MHz, $CDCl_3$): δ [ppm] = 7.30 (1H, s, H^1), 7.25-7.20 (1H, m, H^2), 6.12-6.07 (1H, m, H^{19}_{exo}/H^{20}_{exo}), 6.07-6.00 (1H, m, H^{19}_{exo}/H^{20}_{exo}, H^{19}_{endo}/H^{20}_{endo}), 5.81-5.75 (1H, m, H^{19}_{endo}/H^{20}_{endo}), 5.08-5.02 (1H, m, H^{11}), 2.77-2.69 (6H, m), 2.48-2.26 (2H, m), 2.04-1.93 (2H, m), 1.83-1.53 (10H, m), 1.40-1.34 (1H, m), 1.29-1.17 (2H, m), 1.15-1.03 (2H, m), 1.03-0.82 (14H, m), 0.51-0.11 (2H, m).

^{13}C-NMR (100 MHz, $CDCl_3$): δ [ppm] = 148.89 (C_q), 148.83 (C_q), 147.03 (C_q), 147.00 (C_q), 136.97 (CH), 136.92 (C_q), 136.89 (C_q), 136.85 (C_q), 136.82 (CH), 136.80 (CH), 136.55 (C_q), 136.51 (C_q), 136.32 (CH), 136.26 (CH), 133.6 (CH), 133.5 (CH), 132.4 (CH), 132.3 (CH), 132.0 (C_q), 131.85 (CH), 131.82 (CH), 131.3 (C_q), 127.6 (CH), 127.5 (C_q), 124.8 (C_q), 112.43 (C_q), 112.39 (C_q), 107.0 (C_q), 49.5 (CH_2), 45.9 (CH), 45.6 (CH), 45.1 (CH_2), 45.0 (CH_2), 44.9 (CH), 44.7 (CH), 42.66 (CH), 42.62 (CH), 42.60 (CH), 42.56 (CH), 41.86 (CH), 41.82 (CH), 33.2 (CH_2), 33.1 (CH_2), 30.0 (CH_2), 29.9 (CH_2), 29.2 (CH_2),

29.1 (CH$_2$), 28.24 (CH$_2$), 28.20 (CH$_2$), 27.1 (CH$_2$), 27.0 (CH$_2$), 26.8 (CH$_2$), 22.94 (CH$_2$), 22.89 (CH$_2$), 22.85 (CH$_2$), 22.82 (CH$_2$), 22.72 (CH$_2$), 17.91 (CH$_3$), 17.88 (CH$_3$), 17.86 (CH$_3$), 17.79 (CH$_3$), 17.6 (CH$_3$), 14.02 (CH), 13.96 (CH), 13.92 (CH), 13.89 (CH), 13.84 (CH), 13.77 (CH), 11.22 (CH$_2$), 11.19 (CH$_2$), 11.0 (CH$_2$), 10.9 (CH$_2$).

IR (ATR) $\tilde{v}$ (cm^{-1}) = 3521 (m), 3133 (w), 3056 (w), 2935 (vs), 2886 (m), 2863 (s), 2838 (w), 2660 (w), 1772 (w), 1707 (w), 1577 (w), 1558 (w), 1447 (vs), 1423 (m), 1404 (w), 1387 (w), 1355 (w), 1338 (m), 1315 (m), 1288 (s), 1274 (s), 1256 (m), 1236 (w), 1211 (m), 1181 (m), 1161 (m), 1126 (w), 1108 (w), 1081 (w), 1072 (w), 1023 (m), 1016 (m), 981 (m), 967 (m), 947 (w), 910 (w), 884 (m), 864 (m), 833 (s), 786 (m), 774 (w), 766 (w), 736 (m), 718 (m), 704 (m), 664 (m).

HR-MS (APCI): ber. für [C$_{35}$H$_{46}$Br$_2$O$_2$Si +H]$^+$: 687.16861, gef.: 687.16819; δ = 0.6 ppm.

(2-(Bicyclo[2.2.1]hept-5-en-2-yl)ethyl)chlordi*iso*propylsilan (52)

C$_{15}$H$_{27}$ClSi
Mol. Wt.: 270,91

In einem ausgeheizten Septumgläschen wurde Acetylchlorid (1.07 mL, 15.0 mmol, 10 eq.) vorgelegt und langsam mit dem Silylether **56** (421 mg, 1.50 mmol) versetzt. Das Gemisch wurde 6 Tage bei RT gerührt. Überschüssiges Acetylchlorid und entstandenes Ethylacetat wurden abdestilliert (40 mbar, 40 °C). Das Produkt **52** wurde als gelbliche Flüssigkeit (400 mg, 1.48 mmol, quant., *endo / exo* = 7:2) erhalten.

endo / exo

^{1}H-NMR (400 MHz, CDCl$_3$): δ [ppm] = 6.12 (1H, dd, J = 5.6 Hz, J = 3.0 Hz, H$^1_{endo}$), 6.08 (1H, dd, J = 5.6 Hz, J = 3.0 Hz, H$^1_{exo}$/H$^2_{exo}$), 6.02 (1H, dd, J = 5.6 Hz, J = 3.0 Hz, H$^2_{exo}$/H$^1_{exo}$), 5.90 (1H, dd, J = 5.6 Hz, J = 3.0 Hz, H$^2_{endo}$), 2.81 (1H, br, H$^4_{endo}$), 2.78 (1H, br, H$^3_{exo}$/H$^4_{exo}$), 2.75 (1H, br, H$^3_{endo}$), 2.54 (1H, br, H$^4_{exo}$/H$^3_{exo}$), 2.01-1.91 (1H, m, H$^9_{endo}$), 1.88-1.81 (2H, m, H^7), 1.52-1.43 (m), 1.42-1.38 (1H, m, H^6), 1.32-1.27 (m), 1.24-1.10 (m), 1.09-1.02 (14H, m, H^{12}, H^{13}), 0.90-0.73 (m), 0.51-0.46 (1H, m, H^8).

endo

^{13}C-NMR (100 MHz, CDCl$_3$): δ [ppm] = 137.3 (C^1), 132.1 (C^2), 49.5 (C^5, C^6), 44.9 (C^4), 42.6 (C^9), 42.3 (C^3), 32.3 (C^7, C^8), 28.1 (C^{10}), 17.3 (C^{13}), 17.2 (C^{13}), 14.0 (C^{12}), 11.9 (C^{11}).

exo

^{13}C-NMR (100 MHz, CDCl$_3$): δ [ppm] = 136.8 (C^1/C^2), 136.4 (C^2/C^1), 45.9 (C^3/C^4), 45.2 (C^5, C^6), 42.4 (C^4/C^3), 41.9 (C^9), 33.0 (C^7, C^8), 29.9 (C^{10}), 17.3 (C^{13}), 17.2 (C^{13}), 14.1 (C^{12}), 12.1 (C^{11}).

Vermutlich auf Grund einer eingeschränkten Rotation zeigen die Kohlenstoffe der *Iso*propyl-Gruppen teilweise eine Aufspaltung in zwei Signale.

endo / exo

IR (ATR) ṽ (cm^{-1}) = 3694 (w), 3359 (br), 3139 (w), 3058 (w), 2958 (vs), 2940 (vs), 2891 (s), 2864 (vs), 2758 (w), 2725 (w), 1711 (w), 1624 (w), 1570 (w), 1462 (m), 1448 (m), 1410 (w), 1383 (w), 1366 (w), 1351 (w), 1338 (w), 1315 (w), 1288 (w), 1267 (w), 1252 (w), 1202 (w), 1183 (w), 1167 (w), 1151 (w), 1124 (w), 1106 (w), 1094 (w), 1064 (w), 1049 (w), 1014 (m), 995 (m), 954 (w), 942 (w), 918 (m), 904 (w), 883 (s), 814 (vs), 788 (m), 774 (m), 717 (vs), 705 (s), 664 (m).

HR-MS (EI, 70 eV): ber. für [C$_{15}$H$_{27}$ClSi]$^+$: 270.15706, gef.: 270.15705; δ = 0.1 ppm.

Ethoxydi*iso*propylsilan (55)

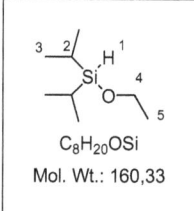

C$_8$H$_{20}$OSi
Mol. Wt.: 160,33

In einem ausgeheizten Kolben wurde Chlordiisopropylsilan (3.57 g, 23.7 mmol) unter N$_2$-Atmosphäre in abs. *n*-Hx (140 mL) gelöst und langsam mit NEt$_3$ (13.2 mL, 94.8 mmol, 4 eq.) versetzt. Anschließend wurde abs. Ethanol (1.38 mL, 23.7 mmol, 1 eq.) zugetropft. Das Gemisch wurde 15 h bei RT gerührt. Danach wurde der weiße Niederschlag abfiltriert und mit *n*-Hx (500 mL in Portionen) gewaschen. Die Lösung wurde bei 100 mbar und 40 °C eingeengt und mit 1 M HCl (3 x 5 mL) gewaschen. Die Lösung wurde weiter eingeengt. Über eine

Kugelrohrdestillation (40 mbar, RT) wurde weiteres *n*-Hx entfernt. Das Produkt **55** verblieb als farblose Flüssigkeit (2.44 g, 15.2 mmol, 64 %).

^{1}H-NMR (400 MHz, CDCl$_3$): δ [ppm] = 4.13 (1H, t, J = 1.7 Hz, H^1), 3.77 (2H, q, J = 7.0 Hz, H^4), 1.21 (3H, t, J = 7.0 Hz, H^5), 1.06-1.00 (14H, m, H^2,H^3).

^{13}C-NMR (100 MHz, CDCl$_3$): δ [ppm] = 61.3 (CH$_2$), 18.3 (CH$_3$), 17.4 (CH$_3$), 17.3 (CH$_3$), 12.4 (CH).

IR (ATR) ṽ (cm^{-1}) = 3701 (w), 3365 (br), 2945 (s), 2894 (m), 2868 (s), 2760 (w), 2729 (w), 2204 (w), 2109 (w), 1717 (w), 1464 (m), 1386 (m), 1367 (w), 1260 (m), 1163 (w), 1085 (vs), 1055 (vs), 1001 (s), 953 (w), 920 (w), 884 (s), 836 (s), 823 (s), 806 (s), 694 (m), 672 (m).

HR-MS (EI, 70 eV): ber. für [C$_8$H$_{20}$OSi]$^+$: 160.12834, gef.: 160.12752; δ = 5.1 ppm.

Sdp: 50 °C (40 mbar).

(2-(Bicyclo[2.2.1]hept-5-en-2-yl)ethyl)(ethoxy)di*iso*propylsilan (56)

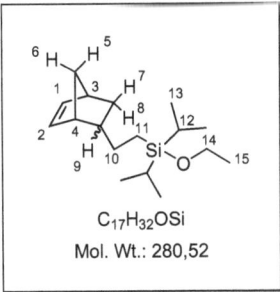

In einem ausgeheizten Kolben wurde Hexachloroplatinsäure-Hexahydrat (57.4 mg, 138 µmol, 1.7 mol%) unter N$_2$-Atmosphäre vorgelegt. Anschließend wurde erst 5-Vinyl-2-norbornen (*endo* / *exo* = 2:1; 4.63 mL, 3.89 g, 32.4 mmol, 4 eq.) und dann das Silan **55** (1.30 g, 8.10 mmol) zugegeben. Das Gemisch wurde 20 h auf 60 °C erhitzt. Über eine Kugelrohrdestillation (10 mbar, 65-75 °C wurde überschüssiges 5-Vinyl-2-norbornen entfernt. Säulenchromatographie (SiO$_2$, *c*-Hx / DCM = 80:1) des Rückstands lieferte das Produkt **56** als farblose Flüssigkeit (863 mg, 3.08 mmol, 38 %, *endo* / *exo* = 7:2).

R$_f$ (*c*-Hx / DCM = 10:1): 0.38.

endo / exo

¹H-NMR (400 MHz, CDCl$_3$): δ [ppm] = 6.11 (1H, dd, J = 5.8 Hz, J = 3.0 Hz, H$^1_{endo}$), 6.09 (1H, dd, J = 5.8 Hz, J = 3.0 Hz, H$^1_{exo}$/H$^2_{exo}$), 6.02 (1H, dd, J = 5.6 Hz, J = 2.9 Hz, H$^2_{exo}$/H$^1_{exo}$), 5.90 (1H, dd, J = 5.6 Hz, J = 2.9 Hz, H$^2_{endo}$), 3.72 (2H, q, J = 7.0 Hz, H$^{14}_{exo}$), 3.70 (2H, q, J = 7.0 Hz, H$^{14}_{endo}$), 2.82 (1H, br, H$^4_{endo}$), 2.77 (1H, br, H$^3_{exo}$/H$^4_{exo}$), 2.74 (1H, br, H$^3_{endo}$), 2.55 (1H, br, H$^4_{exo}$/H$^3_{exo}$), 1.98-1.90 (1H, m, H$^9_{endo}$), 1.87-1.81 (2H, m, H^7), 1.54-1.37 (m), 1.32-1.22 (m), 1.19 (3H, t, J = 7.0 Hz, H$^{15}_{exo}$), 1.18 (3H, t, J = 7.0 Hz, H$^{15}_{endo}$) 1.16-1.14 (m), 1.14-0.95 (14H, m, H^{12}, H^{13}), 0.72-0.55 (m), 0.51-0.45 (1H, m, H^8).

endo

¹³C-NMR (100 MHz, CDCl$_3$): δ [ppm] = 137.1 (C^1), 132.3 (C^2), 58.8 (C^{14}), 49.5 (C^{5+6}), 44.9 (C^4), 42.8 (C^9), 42.6 (C^3), 32.4 (C^{7+8}), 28.3 (C^{10}), 18.8 (C^{15}), 17.7 (C^{13}), 12.5 (C^{12}), 12.4 (C^{12}), 9.6 (C^{11}).

exo

¹³C-NMR (100 MHz, CDCl$_3$): δ [ppm] = 136.9 (C^1/C^2), 136.3 (C^2/C^1), 58.9 (C^{14}), 45.9 (C^3/C^4), 45.2 (C^{5+6}), 42.8 (C^4/C^3), 41.9 (C^9), 33.1 (C^{7+8}), 30.1 (C^{10}), 18.8 (C^{15}), 17.7 (C^{13}), 12.5 (C^{12}), 9.9 (C^{11}).

Vermutlich auf Grund einer eingeschränkten Rotation zeigen die Kohlenstoffe der *Iso*propyl-Gruppen teilweise eine Aufspaltung in zwei Signale.

endo / exo

IR (ATR) ṽ (cm^{-1}) = 3137 (w), 3058 (w), 2961 (vs), 2940 (vs), 2891 (s), 2865 (vs), 2757 (w), 2726 (w), 1627 (w), 1570 (w), 1462 (m), 1448 (w), 1411 (w), 1388 (m), 1365 (w), 1338 (w), 1314 (w), 1290 (w), 1267 (w), 1252 (w), 1202 (w), 1182 (w), 1162 (m), 1112 (vs), 1085 (s), 1014 (w), 995 (w), 944 (m), 916 (w), 904 (w), 882 (m), 832 (w), 822 (w), 789 (w), 774 (w), 752 (m), 718 (s), 706 (m), 687 (w), 662 (w).

HR-MS (ESI): ber. für [C$_{17}$H$_{32}$OSi]$^+$: 280.22224, gef.: 280.22131; δ = 3.3 ppm.

(*R*)-3-Brom-2'-(*tert*-Butyldimethylsilyloxy)-3'-iod-5,5',6,6',7,7',8,8'-octahydro-1,1'-binaphthyl-2-ol (60)

In einem 5mL-Gläschen wurde der Silylether **62** (41.4 mg, 84.9 µmol) in Chloroform (0.5 mL) gelöst. Anschließend wurden erst Silbertrifluoracetat (56.7 mg, 340 µmol, 4 eq.) und dann Iod (86.2 mg, 340 µmol, 4 eq.) zugegeben. Das Gemisch wurde 18 h bei RT gerührt und danach eingeengt. Säulenchromatographie (SiO$_2$, *c*-Hx / EE = 50:1) lieferte eine Mischfraktion aus Edukt **62** und Produkt **60** im Verhältnis 6 zu 1.

$C_{26}H_{34}BrIO_2Si$
Mol. Wt.: 613,44

^{1}H-NMR (400 MHz, CDCl$_3$): δ [ppm] = 7.60 (1H, s, H^1), 7.21 (1H, s, H^2), 5.15 (1H, s, H^{11}), 2.73 (4H, m, CH$_2$), 2.33 (2H, m, CH$_2$), 2.12 (2H, m, CH$_2$), 1.69 (8H, m, CH$_2$), 0.87 (9H, s, CH$_3$, H^{14}), 0.12 (3H, s, CH$_3$, H^{12}), -0.02 (3H, s, CH$_3$, H^{13}).

HR-MS (ESI): ber. für [C$_{26}$H$_{34}$BrIO$_2$Si+H-H$_2$]$^+$: 611.04724, gef.: 611.04657; δ = 1.1 ppm.

(*R*)-2'-(*tert*-Butyldimethylsilyloxy)-5,5',6,6',7,7',8,8'-octahydro-1,1'-binaphthyl-2-ol (61)

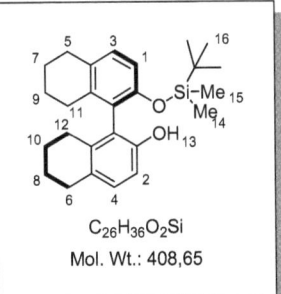

$C_{26}H_{36}O_2Si$
Mol. Wt.: 408,65

In einem Schlenkkolben wurde das (*R*)-5,5',6,6',7,7',8,8'-Octahydro-1,1'-bi-2-naphthol (500 mg, 1.70 mmol) unter N$_2$-Atmosphäre in abs. THF (3 mL) gelöst und bei 0 °C langsam mit *n*-BuLi (700 µL, 2.5 M in *n*-Hx, 1.75 mmol, 1.03 eq.) versetzt. Nach 20 min. wurde bei 0 °C eine Lösung von TBDMSCl (264 mg, 1.75 mmol, 1.03 eq.) in abs. THF (3 mL) zugetropft. Das Gemisch wurde 20 h bei RT gerührt und anschließend mit ges. NaHCO$_3$-Lsg. (10 mL) versetzt. Nach der Phasentrennung wurde mit EE (3 x 50 mL) extrahiert. Die vereinigten organischen Phasen wurden mit ges. NaCl-Lsg. (2 x 30 mL) gewaschen, getrocknet und eingeengt. Säulenchromatographie (SiO$_2$, *c*-Hx / EE = 100:1) lieferte das Produkt **61** als weißen Feststoff (603 mg, 1.47 µmol, 87 %).

R$_f$ (*c*-Hx / DCM = 1:1): 0.54.

^{1}H-NMR (400 MHz, CDCl$_3$): δ [ppm] = 7.20 (1H, d, *J* = 8.4 Hz, H^3), 6.95 (1H, d, *J* = 8.3 Hz, H^4), 6.73 (1H, d, *J* = 8.3 Hz, H^2), 6.71 (1H, d, *J* = 8.4 Hz, H^1), 4.40 (1H, s, H^{13}), 2.80-2.65 (4H, m, CH$_2$), 2.41-2.31 (2H, m, CH$_2$), 2.26-2.08 (2H, m, CH$_2$), 1.78-1.60 (8H, m, CH$_2$), 0.66 (9H, s, H^{16}), 0.12 (3H, s, H^{14}), 0.00 (3H, s, H^{15}).

^{13}C-NMR (100 MHz, CDCl$_3$): δ [ppm] = 151.4 (C$_q$), 150.2 (C$_q$), 138.1 (C$_q$), 136.2 (C$_q$), 130.7 (C$_q$), 130.1 (CH), 129.1 (CH), 129.0 (C$_q$), 124.9 (C$_q$), 123.2 (C$_q$), 116.6 (CH), 112.0 (CH), 29.4 (2 x C, CH$_2$), 27.28 (CH$_2$), 27.26 (CH$_2$), 25.1 (CH$_3$), 23.28 (CH$_2$), 23.23 (CH$_2$), 23.11 (CH$_2$), 23.02 (CH$_2$), 17.7 (C$_q$), -4.3 (CH$_3$), -4.9 (CH$_3$).

IR (ATR) ṽ (cm^{-1}) = 3539 (w), 3510 (w), 3442 (w), 3041 (w), 3010 (w), 2928 (vs), 2883 (m), 2856 (s), 2837 (m), 2709 (w), 2660 (w), 1875 (w), 1706 (w), 1653 (w), 1591 (m), 1472 (vs), 1438 (m), 1427 (m), 1390 (w), 1361 (m), 1336 (w), 1329 (m), 1285 (vs), 1254 (vs), 1213 (m), 1188 (s), 1174 (m), 1156 (s), 1122 (w), 1074 (m), 1061 (m), 1005 (s), 980 (s), 967 (s), 939 (m), 901 (w), 870 (m), 854 (vs), 836 (vs), 809 (s), 779 (s), 726 (w), 692 (m), 654 (w).

HR-MS (ESI): ber. für [C$_{26}$H$_{36}$O$_2$Si+H-H$_2$]$^+$: 407.24008, gef.: 407.23898; δ = 2.7 ppm.

Die analytischen Daten stimmen mit den in der Literatur angegebenen Daten überein.[206]

(*R*)-2-(*tert*-Butyldimethylsilyloxy)-2'-methoxy-5,5',6,6',7,7',8,8'-octahydro-1,1'-binaphthyl

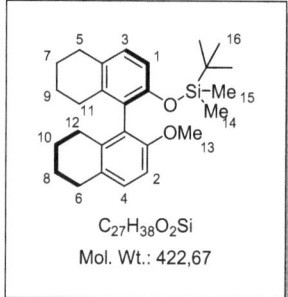

C$_{27}$H$_{38}$O$_2$Si
Mol. Wt.: 422,67

Der Silylether **61** (906 mg, 2.22 mmol) wurde in Acetonitril (25 mL) gelöst und mit K$_3$PO$_4$ (2.35 g, 11.1 mmol, 5 eq.) und MeI (2.76 mL, 6.29 g, 44.4 mmol, 20 eq.) versetzt. Das Gemisch wurde für 24 h auf 80 °C erhitzt. Nach Filtration wurde das Filtrat mit DCM verdünnt, dreimal mit H$_2$O gewaschen, getrocknet und eingeengt. Säulenchromatographie (SiO$_2$, *c*-Hx / EE = 50:1) lieferte das Produkt als weißen Feststoff (710 mg, 1.72 μmol, 77 %).

¹H-NMR (400 MHz, CDCl$_3$): δ [ppm] = 6.99 (1H, d, J = 8.4 Hz, H^4), 6.94 (1H, d, J = 8.2 Hz, H^3), 6.68 (1H, d, J = 8.4 Hz, H^2), 6.64 (1H, d, J = 8.2 Hz, H^1), 3.64 (3H, s, H^{13}), 2.79-2.68 (4H, m, CH$_2$), 2.42-2.30 (2H, m, CH$_2$), 2.16-2.04 (2H, m, CH$_2$), 1.77-1.56 (8H, m, CH$_2$), 0.63 (9H, s, CH$_3$, H^{16}), 0.11 (3H, s, CH$_3$, H^{14}), -0.10 (3H, s, CH$_3$, H^{15}).

¹³C-NMR (100 MHz, CDCl$_3$): δ [ppm] = 154.7 (C$_q$), 150.2 (C$_q$), 137.1 (C$_q$), 136.9 (C$_q$), 129.5 (C$_q$), 129.3 (C$_q$), 128.6 (CH), 128.5 (C$_q$), 128.3 (CH), 126.1 (C$_q$), 115.8 (CH), 108.0 (CH), 55.3 (CH$_3$), 29.5 (2 x C, CH$_2$), 27.3 (CH$_2$), 27.1 (CH$_2$), 25.2 (CH$_3$), 23.4 (CH$_2$), 23.30 (CH$_2$), 23.28 (CH$_2$), 23.20 (CH$_2$), 17.7 (C$_q$), - 4.1 (CH$_3$), -5.0 (CH$_3$).

IR (ATR) ṽ (cm^{-1}) = 3063 (w), 2995 (w), 2928 (vs), 2884 (m), 2856 (s), 2834 (m), 2739 (w), 2708 (w), 2661 (w), 1592 (m), 1484 (s), 1471 (vs), 1438 (m), 1426 (w), 1409 (w), 1389 (w), 1361 (w), 1355 (w), 1337 (w), 1316 (w), 1287 (s), 1260 (vs), 1239 (m), 1218 (w), 1189 (w), 1176 (w), 1161 (w), 1129 (w), 1089 (s), 1073 (m), 1046 (m), 1002 (m), 979 (s), 967 (m), 940 (w), 900 (w), 870 (m), 855 (s), 837 (vs), 797 (m), 779 (s), 748 (w), 712 (w), 693 (w), 654 (w).

HR-MS (ESI): ber. für [C$_{27}$H$_{38}$O$_2$Si+H]$^+$: 423.27138, gef.: 423.26902; δ = 5.6 ppm; ber. für [C$_{27}$H$_{38}$O$_2$Si+Na]$^+$: 445.25333, gef.: 445.25100; δ = 5.2 ppm.

(*R*)-3-Brom-2'-(*tert*-Butyldimethylsilyloxy)-5,5',6,6',7,7',8,8'-octahydro-1,1'-binaphthyl-2-ol (62)

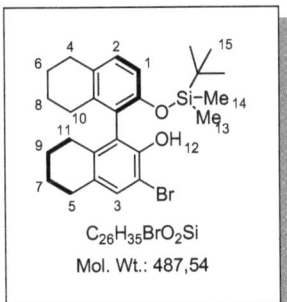

C$_{26}$H$_{35}$BrO$_2$Si
Mol. Wt.: 487,54

Der Silylether **61** (115 mg, 280 µmol) und KOH (47.2 mg, 840 µmol, 3 eq.) wurden in abs. DCM (5 mL) gelöst und auf -30 °C gekühlt. In einem weiteren Kolben wurde NBS (54.9 mg, 308 µmol, 1.1 eq.) in abs. DCM (5 mL) gelöst und ebenfalls auf -30 °C gekühlt. Die kalte NBS-Lösung wurde langsam zum gekühlten Reaktionsgemisch getropft. Das Gemisch wurde anschließend 25 min. bei -30 °C gerührt, 20 min. bei 0 °C gerührt und 10 min. bei RT gerührt. Die organische Phase wurde mit H$_2$O gewaschen, getrocknet und eingeengt. Das Produkt **62** wurde als gelblicher Feststoff (107 mg, 219 µmol, 78 %) erhalten.

¹H-NMR (400 MHz, CDCl₃): δ [ppm] = 7.18 (1H, s, H³), 7.00 (1H, d, J = 8.3 Hz, H²), 6.68 (1H, d, J = 8.3 Hz, H¹), 4.92 (1H, s, H¹²), 2.78-2.67 (4H, m, CH₂), 2.42-2.25 (2H, m, CH₂), 2.22-2.03 (2H, m, CH₂), 1.77-1.59 (8H, m, CH₂), 0.65 (9H, s, CH₃, H¹⁵), 0.12 (3H, s, CH₃, H¹³), -0.01 (3H, s, CH₃, H¹⁴).

¹³C-NMR (100 MHz, CDCl₃): δ [ppm] = 150.8 (C_q), 146.9 (C_q), 137.5 (C_q), 136.4 (C_q), 131.3 (CH), 130.8 (C_q), 130.4 (C_q), 130.1 (CH), 125.4 (C_q), 125.0 (C_q), 116.3 (CH), 106.2 (C_q), 20.3 (CH₂), 29.2 (CH₂), 27.2 (CH₂), 27.1 (CH₂), 25.1 (CH₃), 23.08 (CH₂), 23.00 (CH₂), 22.96 (CH₂), 22.84 (CH₂), 17.6 (C_q), -4.2 (CH₃), -5.0 (CH₃).

IR (ATR) $\tilde{\nu}$ (cm⁻¹) = 3521 (m), 3363 (br), 3061 (w), 2929 (vs), 2883 (m), 2857 (s), 2709 (w), 2661 (w), 1704 (m), 1670 (w), 1589 (m), 1579 (m), 1472 (vs), 1463 (s), 1452 (s), 1425 (m), 1408 (m), 1390 (m), 1378 (m), 1361 (m), 1336 (m), 1318 (m), 1289 (vs), 1274 (vs), 1256 (vs), 1211 (s), 1176 (s), 1160 (s), 1075 (m), 1017 (m), 981 (s), 968 (s), 948 (m), 940 (m), 910 (w), 902 (m), 872 (m), 858 (vs), 837 (vs), 814 (s), 780 (vs), 735 (w), 692 (m).

HR-MS (ESI): ber. für [C₂₆H₃₅BrO₂Si+H-H₂]⁺: 485.15060, gef.: 485.14872; δ = 3.9 ppm.

3.3 Katalyse-Tests

Für die Berechnung der Katalysatorbeladung (in mol%) wurde bei den heterogenen Reaktionen die Molmasse der Polymere verwendet. Die Molmasse entspricht bei den Polymeren, die keinen Anteil an **32** enthalten, den entsprechenden homogenen Katalysatoren, da sie vollständig aus katalytisch aktiven Einheiten aufgebaut sind. Bei der Verwendung der Copolymere wurde für die Berechnung der Katalysatorbeladung vereinfacht davon ausgegangen, dass die Verhältnisse der beiden Tektone in den Polymeren den bei der Polymerisation eingesetzten Verhältnissen entsprechen. Die Molmasse der Polymere wurde dementsprechend angepasst (Tabelle 16, Spalte 3). Bei den polymerisierten Phosphorsäurechloriden wurde von einer vollständigen Hydrolyse und bei den modifizierten Polymeren von einem vollständigen Umsatz der Phenolgruppen zu Phosphorsäurefunktionen ausgegangen. Aus den Werten wurde außerdem berechnet, welche Beladung mit Katalysator bezogen auf die Masse der Polymere erreicht wurde (Tabelle 16, Spalte 4).

Tabelle 16: Verwendete Molmassen für die Berechnung der Katalysatorbeladung.

Eintrag	Polymer	Molemasse [g mol^{-1}]	Polymerbeladung [mol g^{-1}]
1	P6-OH	450.57	2.22
2	CP7-POH	3757.14	0.27
3	P21-POH-a	512.54	1.95
4	P21-POH-b	512.54	1.95
5	P21-POH-c	512.54	1.95
6	CP21-POH-a	544.99	1.83
7	CP21-POH-b	728.85	1.37
8	CP21-POH-c	3757.14	0.27
9	P24-OH	602.76	1.66
10	P26-POH	664.73	1.50
11	MP6-POH	512.54	1.95
12	*rac*-MP6-POH-a	512.54	1.95
13	*rac*-MP6-POH-b	512.54	1.95

Allgemeine Vorschrift zur Transfer-Hydrierung von 3-Phenyl-2H-1,4-benzoxazin (36)

In einem 5mL-Gläschen wurden 3-Phenyl-2H-1,4-benzoxazin (10.5 mg, 50.0 µmol), die Hydridquelle (62.5 µmol, 1.25 eq.) und der Katalysator (2.5 µmol, 5 mol%) vorgelegt und mit Lösungsmittel (1.5 mL) versetzt. Es wurde 24 h bei RT gerührt. Anschließend wurde das Lösungsmittel abdestilliert. 36 wurde als braunes Rohprodukt erhalten.

Im Fall der Reaktion mit Wasser (Schema 20) als Lösungsmittel wurde die Reaktionslösung mehrmals mit DCM extrahiert. Die vereinigten organischen Phasen wurden getrocknet und eingeengt.

R_f (c-Hx / EE = 3:1): 0.68.

^{1}H-NMR (400 MHz, CDCl$_3$): δ [ppm] = 7.40-7.30 (5H, m, Ph), 6.87-6.78 (2H, m, Ar), 6.72-6.65 (2H, m, Ar), 4.50 (1H, dd, J = 8.6 Hz, J = 3.0 Hz, H^3), 4.28 (1H, dd, J = 10.6 Hz, J = 3.0 Hz, H^2), 3.99 (1H, dd, J = 10.6 Hz, J = 8.6 Hz, H^2).

Die analytischen Daten stimmen mit den in der Literatur angegebenen Daten überein.[147]

Die Berechnung des Umsatzes erfolgte durch den Vergleich des ^{1}H-NMR-Integrals der beiden Protonen H^1 (Edukt) mit dem Durchschnitt der Integrale der drei Protonen H^2, und H^3 (Produkt) im Rohprodukt-Spektrum.

Die Bestimmung des Enantiomerenüberschusses erfolgte mittels chiraler HPLC. Tests zeigten, dass die Ergebnisse der Umsatzberechnung sowie der Bestimmung des Enantiomerenüberschusses beim Rohprodukt und beim säulenchromatographisch gereinigten Produkt übereinstimmten. Die Analyse der Testreaktionen erfolgte anhand der Rohprodukte.

HPLC: Chiracel OD-H, *n*-Hx / ^{i}PrOH = 80:20, flow: 0.6 mL/min., 254 nm.

Racemisches Produkt **36**:

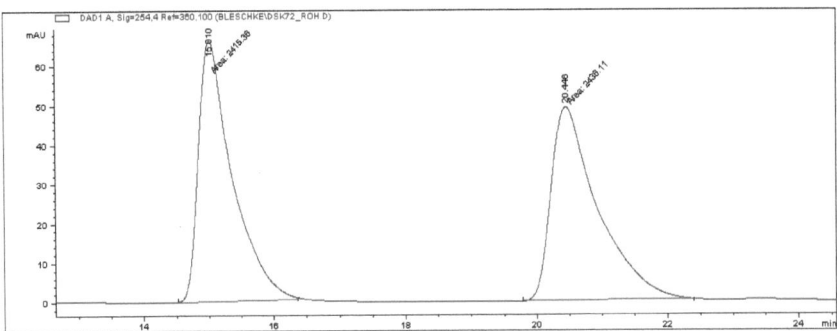

Homogene Reaktion mit Katalysator **7** (Tabelle 3, Eintrag 3): -34 % ee

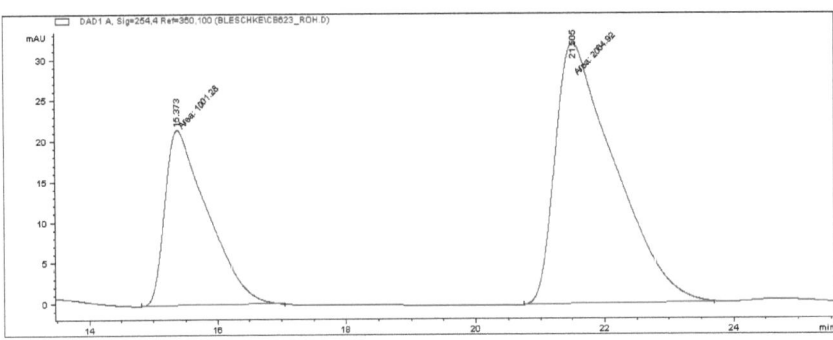

Heterogene Reaktion mit Katalysator **P21-POH-b** (Tabelle 6, Eintrag 2): 60 % ee

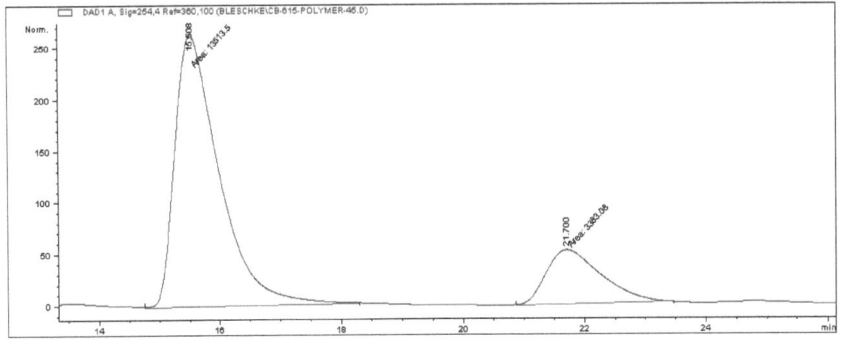

Allgemeine Vorschrift zur Transfer-Hydrierung von 2,2'-Bischinolin (39)

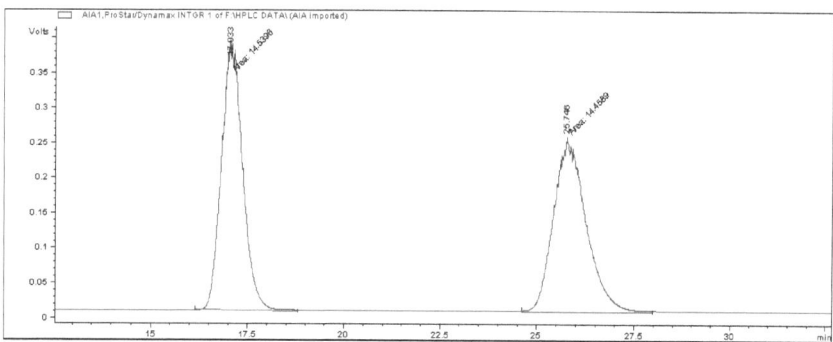

In einem 10mL-Reaktionsgefäß mit verschraubbarem Deckel wurden 2,2'-Bischinolin (20-80 μmol), die Hydridquelle (4.8 eq.) und der Katalysator (2 mol%) vorgelegt und mit Lösungsmittel (20-40 mM bezogen auf das Substrat) versetzt. Das geschlossene Gefäß wurde die angegebene Zeit auf 60 °C erhitzt. Säulenchromatographie (SiO$_2$, c-Hx / MTBE = 20:1) lieferte das Produkt **39**.

R_f (c-Hx / EE = 3:1): 0.46.

^{1}H-NMR (400 MHz, CDCl$_3$): δ [ppm] = 7.99 (2H, t, J = 7.8 Hz, H^2/H^3), 6.97 (2H, d, J = 7.4 Hz, H^1/H^4), 6.64 (2H, t, J = 7.4 Hz, H^3/H^2), 6.56 (2H, d, J = 7.8 Hz, H^4/H^1), 3.34-3.27 (2H, m, H^7), 2.87-2.71 (4H, m, H^5), 2.03-1.92 (2H, m, H^6), 1.90-1.79 (2H, m, H^6).

Die analytischen Daten stimmen mit den in der Literatur angegebenen Daten überein.[151]

HPLC: Chiracel OD-H, n-Hx / ^{i}PrOH = 80:20, flow: 0.6 mL/min., 254 nm.

Racemisches Produkt **39**:

Homogene Reaktion mit Katalysator **40** (Tabelle 4, Eintrag 3): 89 % ee

Allgemeine Vorschrift zur Morita-Baylis-Hillman-Reaktion an 2-Cyclohexen-1-on (43)

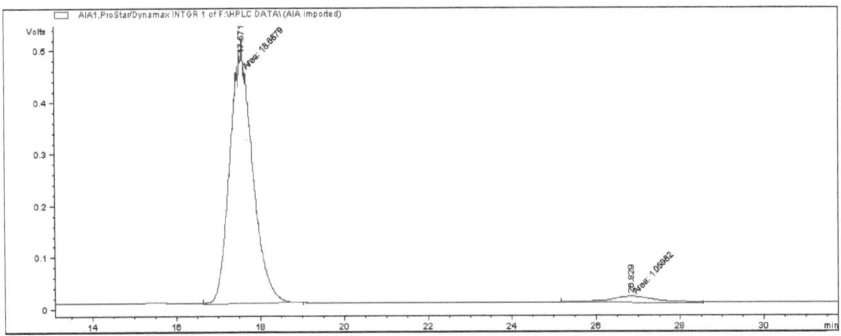

In einem ausgeheizten Schlenkkolben mit aufgesetztem Hahn wurde der Katalysator (10 mol%) unter N_2-Atmosphäre vorgelegt. Der Hahn wurde mit einem Septum verschlossen. In Folge wurden alle Reagenzien und Lösungsmittel über das Septum durch den geöffneten Hahn zugegeben. Danach wurde der Hahn wieder geschlossen. Der Katalysator wurde in abs. THF (1 mL) gelöst bzw. suspendiert (heterogene Katalysen). Bei -78 °C wurden langsam erst frisch destilliertes 2-Cyclohexen-1-on (2 eq.), dann frisch destilierter 3-Phenylpropionaldehyd (500-750 µmol, 1 eq.) und abschließend Triethylphosphin (2 eq.) zugegeben. Das Reaktionsgemisch wurde 48 h bei -10 °C gerührt. Anschließende Säulenchromatographie (SiO_2, c-Hx / EE = 4:1) lieferte **43** als farblose Flüssigkeit.

R_f (c-Hx / EE = 1:1): 0.44.

^{1}H-NMR (400 MHz, CDCl$_3$): δ [ppm] = 7.30-7.24 (2H, m, Ph), 7.21-7.14 (3H, m, Ph), 6.85 (1H, t, J = 4.1 Hz, H), 4.32 (1H, m, H), 3.02 (1H, d, J = 6.4 Hz, H), 2.85-2.77 (1H, m, H), 2.70-2.61 (1H, m, H), 2.44-2.34 (4H, m, H), 2.05-1.87 (4H, m, H).

Die analytischen Daten stimmen mit den in der Literatur angegebenen Daten überein.[227]

HPLC: Chiracel OD-H, n-Hx / ^{i}PrOH = 90:10, flow: 1.0 mL/min., 254 nm.

Racemisches Produkt **43**:

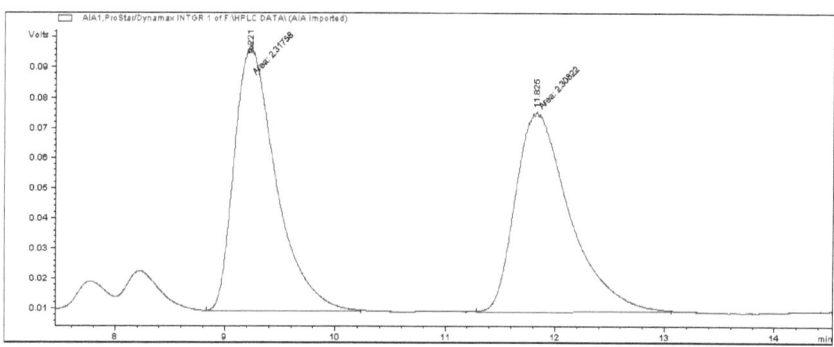

Homogene Reaktion mit Katalysator **1** (Tabelle 11, Eintrag 1): 31 % ee

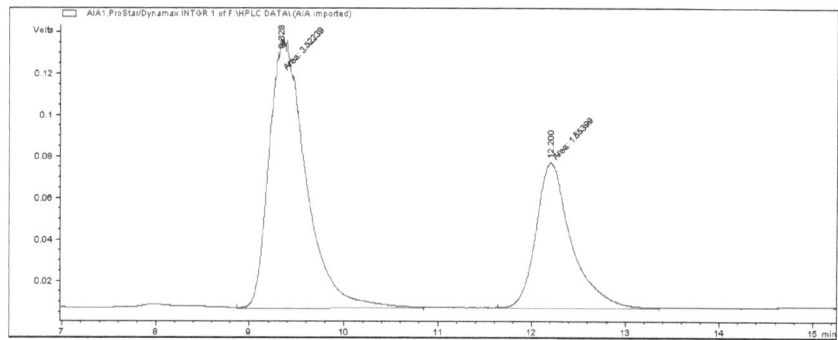

Allgemeine Vorschrift zur Diethylzink-Addition an Benzaldehyd (45)

[Reaktionsschema: 44 (Benzaldehyd) → 45 (1-Phenylpropan-1-ol), Katalysator, Ti(O^{i}Pr)$_4$, ZnEt$_2$]

Der Katalysator (40 µmol, 8 mol%) wurde in einem ausgeheizten Schlenkkolben vorgelegt. Bei den heterogenen Reaktionen wurde der polymere Katalysator 3 h bei $< 10^{-1}$ mbar und 100 °C getrocknet. Anschließend wurde unter N$_2$-Atmosphäre das abs. Lösungsmittel (1.5 mL) zugegeben. Nach der Zugabe von Titantetra*iso*propylat (206 µL, 750 µmol, 1.5 eq.) wurde die Reaktionslösung 90 min. gerührt und dann mit Diethylzink (1.25 mL, 1.25 mmol, 2.5 eq.) versetzt. Anschließend wurde bei 0 °C frisch destillierter Benzaldehyd (50.8 µL, 500 mmol) zugetropft. Nach 24 h bei 0 °C wurden einige Tropfen ges. NH$_4$Cl-Lösung zugesetzt. Das Gemisch wurde dreimal mit Et$_2$O extrahiert. Die vereinigten organischen Phasen wurden mit H$_2$O gewaschen, getrocknet und eingeengt. Säulenchromatographie (SiO$_2$, *c*-Hx / EE = 19:1) lieferte **45** als farblose Flüssigkeit.

^{1}H-NMR (400 MHz, CDCl$_3$): δ [ppm] = 7.38-7.32 (4H, m, Ph), 7.31-7.25 (1H, m, Ph), 4.60 (1H, t, *J* = 6.6 Hz, H^1), 1.87-1.69 (2H, m^2), 0.92 (3H, t, *J* = 7.4 Hz, H^3).

^{13}C-NMR (100 MHz, CDCl$_3$): δ [ppm] = 144.6 (C$_q$), 128.4 (CH), 127.5 (CH), 126.0 (CH), 76.0 (CH), 31.9 (CH$_2$), 10.2 (CH$_3$).

Die analytischen Daten stimmen mit den in der Literatur angegebenen Daten überein.[228]

HPLC: Chiracel OD-H, *n*-Hx / ^{i}PrOH = 98:2, flow: 0.9 mL/min., 210 nm.

Racemisches Produkt **45**:

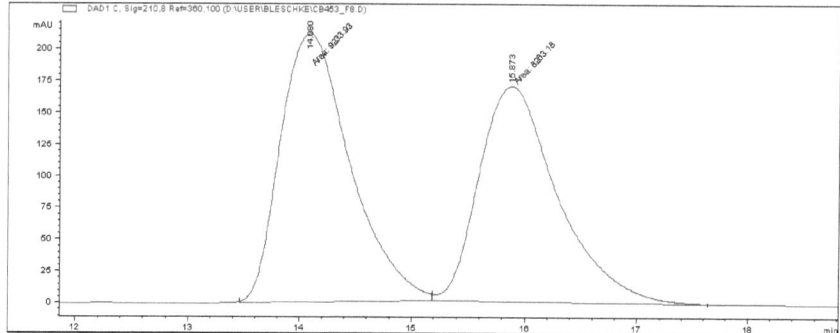

Homogene Reaktion mit Katalysator **1** (Tabelle 12, Eintrag 1): 84 % ee

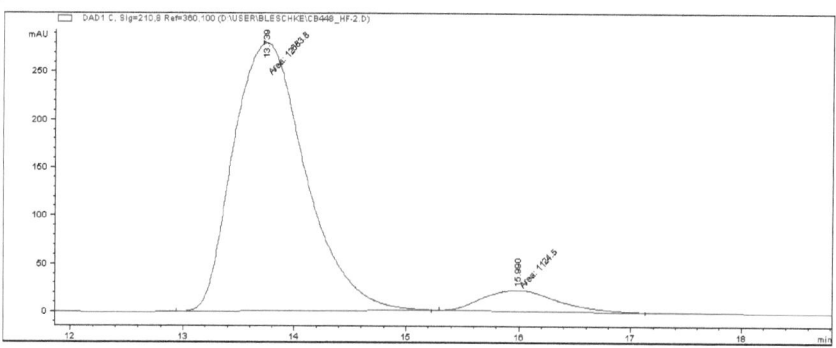

3.4 Modifizierung der Polymere

In einem ausgeheizten Schlenkkolben wurde das BINOL-Polymer **P6-OH** (20.0 mg, 44.4 µmol) für 4 h bei < 10^{-1} mbar und 100 °C getrocknet und anschließend unter N_2-Atmosphäre mit trockenem Pyridin (1.5 mL) versetzt. Danach wurde $POCl_3$ (20.7 µL, 222 µmol, 5 eq.) zugetropft. Das Gemisch wurde 44 h bei RT gerührt. Anschließend wurde eine Mischung aus THF (4 mL) und 1 M HCl (15 mL) zugefügt und der pH-Wert auf pH = 1-2 eingestellt. Das Gemisch wurde für 68 h auf 50 °C erhitzt. Das Polymer wurde durch Zentrifugieren abgetrennt. Im Folgenden wurden hintereinander jeweils 5 mL Lösungsmittel (2 x H_2O, 2 x EtOH, 1 x THF, 2 x DCM) zugegeben, das Gemisch wurde kurz geschüttelt und wieder durch Zentrifugation getrennt. Nach sorgfältigem Trocknen wurde das Produkt als brauner Feststoff **MP6-POH** (13.6 mg, 60 %) erhalten.

In einem weiteren Versuch wurde das BINOL-Polymer ***rac*-P6-OH** (38.7 mg, 86.0 µmol) in analoger Weise umgesetzt. Während der Reaktion wurde allerdings nur geschüttelt. Das Produkt wurde als brauner Feststoff ***rac*-MP6-POH-a** (41.2 mg, 93 %) erhalten.

Das BINOL-Polymer ***rac*-P6-OH** (10.6 mg, 23.5 µmol) wurde noch einmal in analoger Weise umgesetzt. Während der Reaktion wurde stark gerührt. Das Produkt wurde als brauner Feststoff ***rac*-MP6-POH-b** (10.6 mg, 88 %) erhalten.

Teil 4

Anhang

4.1 Abkürzungsverzeichnis

Å	Ångström
abs.	absolut
Ac	Acyl
ACDC	Asymmetrische Gegenion-gesteuerte Katalyse
AIBN	Azo-bis-(*iso*butyronitril)
APCI	atmospheric-pressure chemical ionization
AROCM	asymmetrische Ringöffnungs-Kreuzmetathese
AROM	asymmetrische Ringöffnungs-Metathese
ATR	attenuated total reflection
ber.	berechnet
BET	*Brunauer-Emmett-Teller* / spezifische Oberfläche
BINOL	1,1'-Bi-2-naphthol
Bn	Benzyl
br	breites Signal
Bu	Butyl
BuLi	Butyllithium
c	*cyclo*
CM	Kreuzmetathese
CMP	konjugiertes mikroporöses Polymer
COF	kovalent-gebundene organische Gerüstverbindung
C_q	quartäres Kohlenstoffatom
d	Dublett
DC	Dünnschichtchromatographie
DCM	Dichlormethan
δ	chemische Verschiebung
δ	Differenz
DEPT	distortionless enhancement by polarization transfer
DMAP	4-(Dimethylamino)-pyridin
DMF	*N,N*-Dimethylformamid

DMSO	Dimethylsulfoxid
DVB	Divinylbenzol
EE	Ethylacetat
ee	Enantiomerenüberschuss
EI	electron impact (ionization)
eq.	Äquivalente
ESI	electrospray-ionization
Et	Ethyl
eV	Elektronenvolt
GC	Gaschromatographie
gef.	gefunden
ges.	gesättigt
h	Stunde
HCP	hyperquervernetztes Polymer
HPLC	high performance liquid chromatographie
HR-MS	hochauflösende Massenspektrometrie
Hx	Hexan
Hz	Hertz
i	iso
ICP	induktiv gekoppeltes Plasma
IR	Infrarotspektroskopie
IUPAC	International Union of Pure and Applied Chemistry
Kat.	Katalysator
kV	Kilovolt
λ	Wellenlänge
Lsg.	Lösung
M	mol / L
m	mittelstarkes Signal
m	Multiplett
m/z	Masse / Ladung
Me	Methyl

MeCN	Acetonitril
min.	Minuten
Modif.	Modifikation
MOF	metallorganische Gerüstverbindung
MOM	Methoxymethyl
MOP	mikroporöses organisches Polymer
MS	Massenspektrometrie
MTBE	*tert*-Butyldimethylether
MW	Mikrowellenstrahlung
n	normal
naph	Naphthyl
NBS	*N*-Bromsuccinimid
NHC	*N*-heterocyclisches Carben
NIS	*N*-Iodsuccinimid
NMR	Kernspinresonanzspektroskopie
OES	optische Emissionsspektroskopie
Ph	Phenyl
PIM	Polymer mit intrinsischer Mikroporosität
pin	Pinacolyl
PMB	*para*-Methoxybenzyl
PMO	periodische mikroporöse Organosilikate
ppm	parts per million
Pr	Propyl
PV	Porenvolumen
PVA	Polyvinylalkohol
Py	Pyridin
q	Quartett
qn	Quintett
quant.	quantitativ
R	organischer Rest
rac	racemisch

RCM	Ringschluss-Metathese
R_f	Retentionsfaktor
ROM	Ringöffnungs-Metathese
ROMP	Ringöffnungs-Metathese-Polymerisation
RT	Raumtemperatur
s	starkes Signal
s	Singulett
T	Temperatur
t	*tert*
t	Triplett
TBDMS	*tert*-Butyldimethylsilyl
THF	Tetrahydrofuran
TIPS	Tri*iso*propysilyl
TMEDA	*N,N,N,N*-Tetramethylethylendiamin
TosCN	*para*-Toluolsulfonylcyanid
Ums.	Umsatz
vs	sehr starkes Signal
$\tilde{\nu}$	Wellenzahl
w	schwaches Signal

4.2 Literaturverzeichnis

[1] J. Rouquerol, D. Avnir, C. W. Fairbridge, D. H. Everett, J. H. Haynes, N. Pernicone, J. D. F. Ramsay, K. S. W. Sing, K. K. Unger, *Pure Appl. Chem.* **1994**, *66*, 1739.
[2] S. Brunauer, P. H. Emmett, E. Teller, *J. Am. Chem. Soc.* **1938**, *60*, 309.
[3] J. Weber, J. Schmidt, A. Thomas, W. Böhlmann, *Langmuir* **2010**, *26*, 15650.
[4] A. I. Cooper, *Adv. Mater.* **2009**, *21*, 1291.
[5] J.-X. Jiang, A. Cooper, in *Top. Curr. Chem., Vol. 293*, Springer, Berlin / Heidelberg, **2009**.
[6] A. Thomas, *Angew. Chem. Int. Ed.* **2010**, *49*, 8328.
[7] B. Yilmaz, U. Müller, *Top. Catal.* **2009**, *52*, 888.
[8] N. B. McKeown, P. M. Budd, K. J. Msayib, B. S. Ghanem, H. J. Kingston, C. E. Tattershall, S. Makhseed, K. J. Reynolds, D. Fritsch, *Chem. - Eur. J.* **2005**, *11*, 2610.
[9] C.-D. Wu, A. Hu, L. Zhang, W. Lin, *J. Am. Chem. Soc.* **2005**, *127*, 8940.
[10] H. v. Kienle, E. Bäder, *Aktivkohle und ihre industrielle Anwendung*, Wiley-VCH, Weinheim, **1980**.
[11] D. A. Loy, K. J. Shea, *Chem. Rev.* **1995**, *95*, 1431.
[12] K. J. Shea, D. A. Loy, *Chem. Mater.* **2001**, *13*, 3306.
[13] Z. Wang, G. Chen, K. Ding, *Chem. Rev.* **2008**, *109*, 322.
[14] K. A. Williams, A. J. Boydston, C. W. Bielawski, *Chem. Soc. Rev.* **2007**, *36*, 729.
[15] A. Thomas, F. Goettmann, M. Antonietti, *Chem. Mater.* **2008**, *20*, 738.
[16] J.-H. Ahn, J.-E. Jang, C.-G. Oh, S.-K. Ihm, J. Cortez, D. C. Sherrington, *Macromolecules* **2005**, *39*, 627.
[17] M. P. Tsyurupa, V. A. Davankov, *React. Funct. Polym.* **2006**, *66*, 768.
[18] J. Germain, J. M. J. Frechet, F. Svec, *J. Mater. Chem.* **2007**, *17*, 4989.
[19] C. Urban, E. F. McCord, O. W. Webster, L. Abrams, H. W. Long, H. Gaede, P. Tang, A. Pines, *Chem. Mater.* **1995**, *7*, 1325.
[20] A. P. Côté, A. I. Benin, N. W. Ockwig, M. O'Keeffe, A. J. Matzger, O. M. Yaghi, *Science* **2005**, *310*, 1166.
[21] H. M. El-Kaderi, J. R. Hunt, J. L. Mendoza-Cortes, A. P. Cote, R. E. Taylor, M. O'Keeffe, O. M. Yaghi, *Science* **2007**, *316*, 268.
[22] J. R. Hunt, C. J. Doonan, J. D. LeVangie, A. P. Côté, O. M. Yaghi, *J. Am. Chem. Soc.* **2008**, *130*, 11872.
[23] J. R. Holst, A. I. Cooper, *Adv. Mater.* **2010**, *22*, 5212.

[24] P. Kuhn, M. Antonietti, A. Thomas, *Angew. Chem. Int. Ed.* **2008**, *47*, 3450.
[25] P. Kuhn, A. l. Forget, D. Su, A. Thomas, M. Antonietti, *J. Am. Chem. Soc.* **2008**, *130*, 13333.
[26] N. B. McKeown, P. M. Budd, *Macromolecules* **2010**, *43*, 5163.
[27] J. R. Holst, A. Trewin, A. I. Cooper, *Nat. Chem.* **2010**, *2*, 915.
[28] N. B. McKeown, S. Hanif, K. Msayib, C. E. Tattershall, P. M. Budd, *Chem. Commun.* **2002**, 2782.
[29] N. B. McKeown, S. Makhseed, P. M. Budd, *Chem. Commun.* **2002**, 2780.
[30] N. Du, G. P. Robertson, I. Pinnau, S. Thomas, M. D. Guiver, *Macromol. Rapid Commun.* **2009**, *30*, 584.
[31] N. Ritter, M. Antonietti, A. Thomas, I. Senkovska, S. Kaskel, J. Weber, *Macromolecules* **2009**, *42*, 8017.
[32] N. B. McKeown, P. M. Budd, K. Msayib, B. S. Ghanem, *WO 2005 / 012397 A2*.
[33] J.-X. Jiang, F. Su, A. Trewin, C. D. Wood, N. L. Campbell, H. Niu, C. Dickinson, A. Y. Ganin, M. J. Rosseinsky, Y. Z. Khimyak, A. I. Cooper, *Angew. Chem. Int. Ed.* **2007**, *46*, 8574.
[34] J.-X. Jiang, F. Su, A. Trewin, C. D. Wood, H. Niu, J. T. A. Jones, Y. Z. Khimyak, A. I. Cooper, *J. Am. Chem. Soc.* **2008**, *130*, 7710.
[35] J. Weber, Q. Su, M. Antonietti, A. Thomas, *Macromol. Rapid Commun.* **2007**, *28*, 1871.
[36] J. Weber, M. Antonietti, A. Thomas, *Macromolecules* **2008**, *41*, 2880.
[37] J. Weber, A. Thomas, *J. Am. Chem. Soc.* **2008**, *130*, 6334.
[38] J. Schmidt, J. Weber, J. D. Epping, M. Antonietti, A. Thomas, *Adv. Mater.* **2009**, *21*, 702.
[39] J. Schmidt, M. Werner, A. Thomas, *Macromolecules* **2009**, *42*, 4426.
[40] T. Hasell, C. D. Wood, R. Clowes, J. T. A. Jones, Y. Z. Khimyak, D. J. Adams, A. I. Cooper, *Chem. Mater.* **2009**, *22*, 557.
[41] C. E. Chan-Thaw, A. Villa, L. Prati, A. Thomas, *Chem. - Eur. J.* **2011**, *17*, 1052.
[42] E. M. Sulman, V. G. Matveeva, V. Y. Doluda, A. I. Sidorov, N. V. Lakina, A. V. Bykov, M. G. Sulman, P. M. Valetsky, L. M. Kustov, O. P. Tkachenko, B. D. Stein, L. M. Bronstein, *Appl. Catal. B: Environ.* **2010**, *94*, 200.
[43] E. Sulman, V. Doluda, S. Dzwigaj, E. Marceau, L. Kustov, O. Tkachenko, A. Bykov, V. Matveeva, M. Sulman, N. Lakina, *J. Mol. Catal. A: Chem.* **2007**, *278*, 112.
[44] Y. Zhang, S. N. Riduan, J. Y. Ying, *Chem. - Eur. J.* **2009**, *15*, 1077.

[45] A. Bykov, V. Matveeva, M. Sulman, P. Valetskiy, O. Tkachenko, L. Kustov, L. Bronstein, E. Sulman, *Catal. Today* **2009**, *140*, 64.

[46] X. Du, Y. Sun, B. Tan, Q. Teng, X. Yao, C. Su, W. Wang, *Chem. Commun.* **2010**, *46*, 970.

[47] H. J. Mackintosh, P. M. Budd, N. B. McKeown, *J. Mater. Chem.* **2008**, *18*, 573.

[48] S. Makhseed, F. Al-Kharafi, J. Samuel, B. Ateya, *Catal. Commun.* **2009**, *10*, 1284.

[49] P. M. Budd, B. Ghanem, K. Msayib, N. B. McKeown, C. Tattershall, *J. Mater. Chem.* **2003**, *13*, 2721.

[50] B. L. Conley, W. J. Tenn III, K. J. H. Young, S. K. Ganesh, S. K. Meier, V. R. Ziatdinov, O. Mironov, J. Oxgaard, J. Gonzales, W. A. Goddard III, R. A. Periana, *J. Mol. Catal. A* **2006**, *251*, 8.

[51] R. Palkovits, M. Antonietti, P. Kuhn, A. Thomas, F. Schüth, *Angew. Chem. Int. Ed.* **2009**, *48*, 6909.

[52] Z. Xie, C. Wang, K. E. deKrafft, W. Lin, *J. Am. Chem. Soc.* **2011**, *133*, 2056.

[53] I. Pulko, J. Wall, P. Krajnc, N. R. Cameron, *Chem. - Eur. J.* **2010**, *16*, 2350.

[54] M. Rose, A. Notzon, M. Heitbaum, G. Nickerl, S. Paasch, S. Brunner, F. Glorius, S. Kaskel, *Chem. Commun.* **2011**, *47*, 4814.

[55] R. Noyori, T. Ohkuma, M. Kitamura, H. Takaya, N. Sayo, H. Kumobayashi, S. Akutagawa, *J. Am. Chem. Soc.* **1987**, *109*, 5856.

[56] J. M. Brunel, *Chem. Rev.* **2005**, *105*, 857.

[57] H. Wang, *Chirality* **2010**, *22*, 827.

[58] F.-Y. Zhang, C.-W. Yip, R. Cao, A. S. C. Chan, *Tetrahedron: Asymmetry* **1997**, *8*, 585.

[59] L. Pu, *Chem. Rev.* **1998**, *98*, 2405.

[60] L. Pu, H.-B. Yu, *Chem. Rev.* **2001**, *101*, 757.

[61] Y. Muramatsu, T. Harada, *Angew. Chem. Int. Ed.* **2008**, *47*, 1088.

[62] C.-S. Da, J.-R. Wang, X.-G. Yin, X.-Y. Fan, Y. Liu, S.-L. Yu, *Org. Lett.* **2009**, *11*, 5578.

[63] T. Akiyama, *Chem. Rev.* **2007**, *107*, 5744.

[64] M. Fleischmann, D. Drettwan, E. Sugiono, M. Rueping, R. M. Gschwind, *Angew. Chem. Int. Ed.* **2011**, ASAP, received June 3rd 2011.

[65] N. T. McDougal, S. E. Schaus, *J. Am. Chem. Soc.* **2003**, *125*, 12094.

[66] N. T. McDougal, W. L. Trevellini, S. A. Rodgen, L. T. Kliman, S. E. Schaus, *Adv. Synth. Catal.* **2004**, *346*, 1231.

[67] A. L. Tillman, D. J. Dixon, *Org. Biomol. Chem.* **2007**, *5*, 606.
[68] N. Momiyama, Y. Yamamoto, H. Yamamoto, *J. Am. Chem. Soc.* **2007**, *129*, 1190.
[69] D. Uraguchi, M. Terada, *J. Am. Chem. Soc.* **2004**, *126*, 5356.
[70] T. Akiyama, J. Itoh, K. Yokota, K. Fuchibe, *Angew. Chem. Int. Ed.* **2004**, *43*, 1566.
[71] S. J. Connon, *Angew. Chem. Int. Ed.* **2006**, *45*, 3909.
[72] M. Terada, *Synthesis* **2010**, 1929.
[73] M. Shibasaki, M. Kanai, K. Funabashi, *Chem. Commun.* **2002**, *18*, 1989.
[74] M. Shibasaki, M. Kanai, S. Matsunaga, N. Kumagai, *Acc. Chem. Res.* **2009**, *42*, 1117.
[75] M. Terada, *Bull. Chem. Soc. Jpn.* **2010**, *83*, 101.
[76] A. Zamfir, S. Schenker, M. Freund, S. B. Tsogoeva, *Org. Biomol. Chem.* **2010**, *8*, 5262.
[77] M. Terada, *Chem. Commun.* **2008**, 4097.
[78] M. Rueping, A. P. Antonchick, *Org. Lett.* **2008**, *10*, 1731.
[79] T. Akiyama, T. Katoh, K. Mori, *Angew. Chem. Int. Ed.* **2009**, *48*, 4226.
[80] M. Terada, H. Tanaka, K. Sorimachi, *J. Am. Chem. Soc.* **2009**, *131*, 3430.
[81] J. Itoh, K. Fuchibe, T. Akiyama, *Synthesis* **2008**, 1319.
[82] Q.-X. Guo, H. Liu, C. Guo, S.-W. Luo, Y. Gu, L.-Z. Gong, *J. Am. Chem. Soc.* **2007**, *129*, 3790.
[83] D. Uraguchi, K. Sorimachi, M. Terada, *J. Am. Chem. Soc.* **2004**, *126*, 11804.
[84] Q. Kang, Z.-A. Zhao, S.-L. You, *J. Am. Chem. Soc.* **2007**, *129*, 1484.
[85] G. B. Rowland, E. B. Rowland, Y. Liang, J. A. Perman, J. C. Antilla, *Org. Lett.* **2007**, *9*, 2609.
[86] M. Terada, S. Yokoyama, K. Sorimachi, D. Uraguchi, *Adv. Synth. Catal.* **2007**, *349*, 1863.
[87] J. Seayad, A. M. Seayad, B. List, *J. Am. Chem. Soc.* **2006**, *128*, 1086.
[88] M. J. Wanner, R. N. S. van der Haas, K. R. de Cuba, J. H. van Maarseveen, H. Hiemstra, *Angew. Chem. Int. Ed.* **2007**, *46*, 7485.
[89] X.-H. Chen, X.-Y. Xu, H. Liu, L.-F. Cun, L.-Z. Gong, *J. Am. Chem. Soc.* **2006**, *128*, 14802.
[90] N. Li, X.-H. Chen, J. Song, S.-W. Luo, W. Fan, L.-Z. Gong, *J. Am. Chem. Soc.* **2009**, *131*, 15301.
[91] M. Rueping, E. Sugiono, S. A. Moreth, *Adv. Synth. Catal.* **2007**, *349*, 759.
[92] M. Rueping, E. Sugiono, C. Azap, *Angew. Chem. Int. Ed.* **2006**, *45*, 2617.
[93] N. Momiyama, H. Tabuse, M. Terada, *J. Am. Chem. Soc.* **2009**, *131*, 12882.

[94] H. Liu, G. Dagousset, G. Masson, P. Retailleau, J. Zhu, *J. Am. Chem. Soc.* **2009**, *131*, 4598.

[95] T. Akiyama, Y. Tamura, J. Itoh, H. Morita, K. Fuchibe, *Synlett* **2006**, 141.

[96] X.-H. Chen, W.-Q. Zhang, L.-Z. Gong, *J. Am. Chem. Soc.* **2008**, *130*, 5652.

[97] W.-J. Liu, X.-H. Chen, L.-Z. Gong, *Org. Lett.* **2008**, *10*, 5357.

[98] M. Terada, K. Machioka, K. Sorimachi, *Angew. Chem. Int. Ed.* **2006**, *45*, 2254.

[99] M. Terada, K. Soga, N. Momiyama, *Angew. Chem. Int. Ed.* **2008**, *47*, 4122.

[100] S. Xu, Z. Wang, X. Zhang, X. Zhang, K. Ding, *Angew. Chem. Int. Ed.* **2008**, *47*, 2840.

[101] M. Lu, D. Zhu, Y. Lu, X. Zeng, B. Tan, Z. Xu, G. Zhong, *J. Am. Chem. Soc.* **2009**, *131*, 4562.

[102] M. Rueping, E. Sugiono, C. Azap, T. Theissmann, M. Bolte, *Org. Lett.* **2005**, *7*, 3781.

[103] S. Hoffmann, A. M. Seayad, B. List, *Angew. Chem. Int. Ed.* **2005**, *44*, 7424.

[104] R. I. Storer, D. E. Carrera, Y. Ni, D. W. C. MacMillan, *J. Am. Chem. Soc.* **2005**, *128*, 84.

[105] M. Rueping, T. Theissmann, S. Raja, J. W. Bats, *Adv. Synth. Catal.* **2008**, *350*, 1001.

[106] C. H. Cheon, H. Yamamoto, *J. Am. Chem. Soc.* **2008**, *130*, 9246.

[107] V. N. Wakchaure, B. List, *Angew. Chem. Int. Ed.* **2010**, *49*, 4136.

[108] J. N. Johnston, *Angew. Chem. Int. Ed.* **2011**, *50*, 2890.

[109] D. Nakashima, H. Yamamoto, *J. Am. Chem. Soc.* **2006**, *128*, 9626.

[110] M. Rueping, W. Ieawsuwan, A. P. Antonchick, B. J. Nachtsheim, *Angew. Chem. Int. Ed.* **2007**, *46*, 2097.

[111] M. Rueping, W. Ieawsuwan, *Adv. Synth. Catal.* **2009**, *351*, 78.

[112] M. Rueping, T. Theissmann, A. Kuenkel, R. M. Koenigs, *Angew. Chem. Int. Ed.* **2008**, *47*, 6798.

[113] M. Rueping, B. J. Nachtsheim, S. A. Moreth, M. Bolte, *Angew. Chem. Int. Ed.* **2008**, *47*, 593.

[114] M. Zeng, Q. Kang, Q.-L. He, S.-L. You, *Adv. Synth. Catal.* **2008**, *350*, 2169.

[115] K. Shen, X. Liu, Y. Cai, L. Lin, X. Feng, *Chem. - Eur. J.* **2009**, *15*, 6008.

[116] M. Hatano, T. Ikeno, T. Matsumura, S. Torii, K. Ishihara, *Adv. Synth. Catal.* **2008**, *350*, 1776.

[117] M. Hatano, K. Moriyama, T. Maki, K. Ishihara, *Angew. Chem. Int. Ed.* **2010**, *49*, 3823.

[118] X. Wang, B. List, *Angew. Chem. Int. Ed.* **2008**, *47*, 1119.

[119] X. Wang, C. M. Reisinger, B. List, *J. Am. Chem. Soc.* **2008**, *130*, 6070.

[120] N. J. A. Martin, B. List, *J. Am. Chem. Soc.* **2006**, *128*, 13368.
[121] S. Mayer, B. List, *Angew. Chem. Int. Ed.* **2006**, *45*, 4193.
[122] J. W. Yang, M. T. Hechavarria Fonseca, N. Vignola, B. List, *Angew. Chem. Int. Ed.* **2005**, *44*, 108.
[123] J. Itoh, K. Fuchibe, T. Akiyama, *Angew. Chem. Int. Ed.* **2006**, *45*, 4796.
[124] M. Rueping, R. M. Koenigs, I. Atodiresei, *Chem. - Eur. J.* **2010**, *16*, 9350.
[125] T. E. Kristensen, T. Hansen, *Eur. J. Org. Chem.* **2010**, *2010*, 3179.
[126] A. F. Trindade, P. M. P. Gois, C. A. M. Afonso, *Chem. Rev.* **2009**, *109*, 418.
[127] M. Bartoszek, M. Beller, J. Deutsch, M. Klawonn, A. Köckritz, N. Nemati, A. Pews-Davtyan, *Tetrahedron* **2008**, *64*, 1316.
[128] J. Deutsch, M. Checinski, A. Köckritz, M. Beller, *Catal. Commun.* **2009**, *10*, 373.
[129] M. Rueping, E. Sugiono, A. Steck, T. Theissmann, *Adv. Synth. Catal.* **2010**, *352*, 281.
[130] R. Dawson, A. Laybourn, R. Clowes, Y. Z. Khimyak, D. J. Adams, A. I. Cooper, *Macromolecules* **2009**, *42*, 8809.
[131] V. Snieckus, *Chem. Rev.* **1990**, *90*, 879.
[132] P. P. Kulkarni, A. J. Kadam, R. B. Mane, U. V. Desai, P. P. Wadgaonkar, *J. Chem. Res.* **1999**, 394.
[133] M. Treskow, J. Neudörfl, R. Giernoth, *Eur. J. Org. Chem.* **2009**, *22*, 3693.
[134] D. M. Knapp, E. P. Gillis, M. D. Burke, *J. Am. Chem. Soc.* **2009**, *131*, 6961.
[135] G. A. Molander, B. Biolatto, *J. Org. Chem.* **2003**, *68*, 4302.
[136] H. Sun, T. Rajale, Y. Pan, G. Li, *Tetrahedron Lett.* **2010**, *51*, 4403.
[137] T. Schareina, A. Zapf, W. Mägerlein, N. Müller, M. Beller, *Chem. - Eur. J.* **2007**, *13*, 6249.
[138] L. Meca, D. Reha, Z. Havlas, *J. Org. Chem.* **2003**, *68*, 5677.
[139] I. Klement, K. Lennick, C. E. Tucker, P. Knochel, *Tetrahedron Lett.* **1993**, *34*, 4623.
[140] T. Satyanarayana, S. Abraham, H. B. Kagan, *Angew. Chem. Int. Ed.* **2009**, *48*, 456.
[141] M. P. Elsner, D. F. Menéndez, E. A. Muslera, A. Seidel-Morgenstern, *Chirality* **2005**, *17*, 183.
[142] M. Klussmann, L. Ratjen, S. Hoffmann, V. Wakchaure, R. Goddard, B. List, *Synlett* **2010**, 2189.
[143] L.-C. Hsu, in *New Industrial Polymers, Vol. 4*, American Chemical Society, **1974**, p. 145.
[144] F. Xu, X.-H. Zhu, Q. Shen, J. Lu, J.-Q. Li, *Chin. J. Chem.* **2002**, *20*, 1334.
[145] A. R. Katritzky, S. Rachwal, B. Rachwal, *Tetrahedron* **1996**, *52*, 15031.

[146] B. Achari, S. B. Mandal, P. K. Dutta, C. Chowdhury, *Synlett* **2004**, 2449.
[147] M. Rueping, A. P. Antonchick, T. Theissmann, *Angew. Chem. Int. Ed.* **2006**, *45*, 6751.
[148] M. Rueping, A. P. Antonchick, T. Theissmann, *Angew. Chem. Int. Ed.* **2006**, *45*, 3683.
[149] C. Zhu, T. Akiyama, *Org. Lett.* **2009**, *11*, 4180.
[150] M. Bartók, *Chem. Rev.* **2010**, *110*, 1663.
[151] K. Vehlow, S. Gessler, S. Blechert, *Angew. Chem. Int. Ed.* **2007**, *46*, 8082.
[152] M. Rueping, T. Theissmann, *Chem. Sci.* **2010**, *1*, 473.
[153] Y. M. A. Yamada, S. Ikegami, *Tetrahedron Lett.* **2000**, *41*, 2165.
[154] G. Masson, C. Housseman, J. Zhu, *Angew. Chem. Int. Ed.* **2007**, *46*, 4614.
[155] D. Basavaiah, B. S. Reddy, S. S. Badsara, *Chem. Rev.* **2010**, *110*, 5447.
[156] N. T. McDougal, S. E. Schaus, *J. Am. Chem. Soc.* **2003**, *125*, 12094.
[157] H.-B. Yu, X.-F. Zheng, Z.-M. Lin, Q.-S. Hu, W.-S. Huang, L. Pu, *J. Org. Chem.* **1999**, *64*, 8149.
[158] D. Font, C. Jimeno, M. A. Pericàs, *Org. Lett.* **2006**, *8*, 4653.
[159] M. Bancerz, L. A. Huck, W. J. Leigh, G. Mladenova, K. Najafian, X. Zeng, E. Lee-Ruff, *J. Phys. Org. Chem.* **2010**, *23*, 1202.
[160] R. D. Rieke, S.-H. Kim, X. Wu, *J. Org. Chem.* **1997**, *62*, 6921.
[161] S. Kotha, A. K. Ghosh, K. D. Deodhar, *Synthesis* **2004**, 549.
[162] M. Rueping, E. Sugiono, T. Theissmann, A. Kuenkel, A. Köckritz, A. Pews-Davtyan, N. Nemati, M. Beller, *Org. Lett.* **2007**, *9*, 1065.
[163] X. Zeng, K. Ye, M. Lu, P. J. Chua, B. Tan, G. Zhong, *Org. Lett.* **2010**, *12*, 2414.
[164] R. R. Schrock, A. H. Hoveyda, *Angew. Chem. Int. Ed.* **2003**, *42*, 4592.
[165] A. H. Hoveyda, A. R. Zhugralin, *Nature* **2007**, *450*, 243.
[166] R. R. Schrock, *Chem. Rev.* **2009**, *109*, 3211.
[167] P. Compain, *Adv. Synth. Catal.* **2007**, *349*, 1829.
[168] K. L. Lee, J. B. Goh, S. F. Martin, *Tetrahedron Lett.* **2001**, *42*, 1635.
[169] S. K. Armstrong, B. A. Christie, *Tetrahedron Lett.* **1996**, *37*, 9373.
[170] Y.-S. Shon, T. Randall Lee, *Tetrahedron Lett.* **1997**, *38*, 1283.
[171] Z. Wu, D. R. Wheeler, R. H. Grubbs, *J. Am. Chem. Soc.* **1992**, *114*, 146.
[172] G. A. Cortez, R. R. Schrock, A. H. Hoveyda, *Angew. Chem. Int. Ed.* **2007**, *46*, 4534.
[173] P. Wipf, S. R. Spencer, *J. Am. Chem. Soc.* **2004**, *127*, 225.
[174] K. C. Nicolaou, R. Hughes, S. Y. Cho, N. Winssinger, H. Labischinski, R. Endermann, *Chem. - Eur. J.* **2001**, *7*, 3824.
[175] S. J. Connon, S. Blechert, *Angew. Chem. Int. Ed.* **2003**, *42*, 1900.

[176] G. C. Vougioukalakis, R. H. Grubbs, *Chem. Rev.* **2009**, *110*, 1746.

[177] J. H. Oskam, H. H. Fox, K. B. Yap, D. H. McConville, R. O'Dell, B. J. Lichtenstein, R. R. Schrock, *J. Organomet. Chem.* **1993**, *459*, 185.

[178] R. R. Schrock, S. Luo, J. C. Lee, N. C. Zanetti, W. M. Davis, *J. Am. Chem. Soc.* **1996**, *118*, 3883.

[179] S. S. Zhu, D. R. Cefalo, D. S. La, J. Y. Jamieson, W. M. Davis, A. H. Hoveyda, R. R. Schrock, *J. Am. Chem. Soc.* **1999**, *121*, 8251.

[180] R. R. Schrock, J. Y. Jamieson, S. J. Dolman, S. A. Miller, P. J. Bonitatebus, A. H. Hoveyda, *Organometallics* **2001**, *21*, 409.

[181] R. H. Grubbs, *Handbook of Metathesis*, Wiley-VCH, Weinheim, **2003**.

[182] M. R. Buchmeiser, *Ring-Opening Metathesis Polymerization*, Wiley-VCH, Weinheim, **2009**.

[183] R. R. Schrock, C. Czekelius, *Adv. Synth. Catal.* **2007**, *349*, 55.

[184] D. H. McConville, J. R. Wolf, R. R. Schrock, *J. Am. Chem. Soc.* **1993**, *115*, 4413.

[185] K. M. Totland, T. J. Boyd, G. G. Lavoie, W. M. Davis, R. R. Schrock, *Macromolecules* **1996**, *29*, 6114.

[186] R. R. Schrock, *J. Mol. Catal. A: Chem.* **2004**, *213*, 21.

[187] G. S. Weatherhead, G. A. Cortez, R. R. Schrock, A. H. Hoveyda, *Proc. Natl. Acad. Sc.* **2004**, *101*, 5805.

[188] J. B. Alexander, R. R. Schrock, W. M. Davis, K. C. Hultzsch, A. H. Hoveyda, J. H. Houser, *Organometallics* **2000**, *19*, 3700.

[189] S. L. Aeilts, D. R. Cefalo, J. P. J. Bonitatebus, J. H. Houser, A. H. Hoveyda, R. R. Schrock, *Angew. Chem. Int. Ed.* **2001**, *40*, 1452.

[190] A. S. Hock, R. R. Schrock, A. H. Hoveyda, *J. Am. Chem. Soc.* **2006**, *128*, 16373.

[191] S. J. Malcolmson, S. J. Meek, E. S. Sattely, R. R. Schrock, A. H. Hoveyda, *Nature* **2008**, *456*, 933.

[192] A. H. Hoveyda, S. J. Malcolmson, S. J. Meek, A. R. Zhugralin, *Angew. Chem. Int. Ed.* **2010**, *49*, 34.

[193] H. F. T. Klare, M. Oestreich, *Angew. Chem. Int. Ed.* **2009**, *48*, 2085.

[194] E. S. Sattely, S. J. Meek, S. J. Malcolmson, R. R. Schrock, A. H. Hoveyda, *J. Am. Chem. Soc.* **2008**, *131*, 943.

[195] S. J. Malcolmson, A. H. Hoveyda, S. J. Meek, R. R. Schrock, *WO 2009 / 094201 A2*.

[196] M. R. Buchmeiser, *New J. Chem.* **2004**, *28*, 549.

[197] S. J. Dolman, K. C. Hultzsch, F. Pezet, X. Teng, A. H. Hoveyda, R. R. Schrock, *J. Am. Chem. Soc.* **2004**, *126*, 10945.
[198] M. R. Buchmeiser, *Chem. Rev.* **2008**, *109*, 303.
[199] H. Clavier, K. Grela, A. Kirschning, M. Mauduit, S. P. Nolan, *Angew. Chem. Int. Ed.* **2007**, *46*, 6786.
[200] J. Lim, S. S. Lee, J. Y. Ying, *Chem. Commun.* **2008**, 4312.
[201] K. C. Hultzsch, J. A. Jernelius, A. H. Hoveyda, R. R. Schrock, *Angew. Chem. Int. Ed.* **2002**, *41*, 589.
[202] D. Wang, R. Kröll, M. Mayr, K. Wurst, M. R. Buchmeiser, *Adv. Synth. Catal.* **2006**, *348*, 1567.
[203] M. Mayr, B. Mayr, M. R. Buchmeiser, *Angew. Chem. Int. Ed.* **2001**, *40*, 3839.
[204] M. Mayr, D. Wang, R. Kröll, N. Schuler, S. Prühs, A. Fürstner, M. R. Buchmeiser, *Adv. Synth. Catal.* **2005**, *347*, 484.
[205] R. M. Kroll, N. Schuler, S. Lubbad, M. R. Buchmeiser, *Chem. Commun.* **2003**, 2742.
[206] E. S. Sattely, S. J. Meek, S. J. Malcolmson, R. R. Schrock, A. H. Hoveyda, *J. Am. Chem. Soc.* **2009**, *131*, 943.
[207] P. G. M. Wuts, T. W. Greene, *Greene's Protective Groups in Organic Synthesis*, John Wiley & Sons, **2006**.
[208] S. T. Nakos, A. F. Jacobine, D. M. Glaser, *EP 0 0388 005 A2*.
[209] Y. Tonomura, T. Kubota, M. Endo, *DE 600 05614 T2*.
[210] M. Brad Nolt, Z. Zhao, S. E. Wolkenberg, *Tetrahedron Lett.* **2008**, *49*, 3137.
[211] M. J. Burns, I. J. S. Fairlamb, A. R. Kapdi, P. Sehnal, R. J. K. Taylor, *Org. Lett.* **2007**, *9*, 5397.
[212] E. Arkoudis, I. N. Lykakis, C. Gryparis, M. Stratakis, *Org. Lett.* **2009**, *11*, 2988.
[213] M. Dabrowski, J. Kubicka, S. Lulinski, J. Serwatowski, *Tetrahedron* **2005**, *61*, 6590.
[214] S. Stavber, M. Jereb, M. Zupan, *Synthesis* **2008**, 1487.
[215] A. Krasovskiy, P. Knochel, *Angew. Chem. Int. Ed.* **2004**, *43*, 3333.
[216] A. Krasovskiy, V. Krasovskaya, P. Knochel, *Angew. Chem. Int. Ed.* **2006**, *45*, 2958.
[217] M. Mosrin, P. Knochel, *Org. Lett.* **2009**, *11*, 1837.
[218] M. A. Berliner, K. Belecki, *J. Org. Chem.* **2005**, *70*, 9618.
[219] Y. Xu, G. C. Clarkson, G. Docherty, C. L. North, G. Woodward, M. Wills, *J. Org. Chem.* **2005**, *70*, 8079.
[220] M. Periasamy, M. Nagaraju, N. Kishorebabu, *Synthesis* **2007**, 3821.
[221] L.-M. Jin, Y. Li, J. Ma, Q. Li, *Org. Lett.* **2010**, *12*, 3552.

[222] Y. Yue, M. Turlington, X.-Q. Yu, L. Pu, *J. Org. Chem.* **2009**, *74*, 8681.
[223] G. A. Molander, B. Biolatto, *Org. Lett.* **2002**, *4*, 1867.
[224] K. Toyota, Y. Tsuji, K. Okada, N. Morita, *Heterocycles* **2009**, *78*, 127.
[225] M. Klussmann, L. Ratjen, S. Hoffmann, V. Wakchaure, R. Goddard, B. List, *Synlett* **2010**, 2189.
[226] D. J. Cram, R. C. Helgeson, S. C. Peacock, L. J. Kaplan, L. A. Domeier, P. Moreau, K. Koga, J. M. Mayer, Y. Chao, *J. Org. Chem.* **1978**, *43*, 1930.
[227] C. M. Marson, D. W. M. Benzies, A. D. Hobson, *Tetrahedron* **1991**, *47*, 5491.
[228] Y. Imada, T. Kitagawa, T. Ohno, H. Iida, T. Naota, *Org. Lett.* **2009**, *12*, 32.

Die VDM Verlagsservicegesellschaft sucht für wissenschaftliche Verlage abgeschlossene und herausragende

Dissertationen, Habilitationen, Diplomarbeiten, Master Theses, Magisterarbeiten usw.

für die kostenlose Publikation als Fachbuch.

Sie verfügen über eine Arbeit, die hohen inhaltlichen und formalen Ansprüchen genügt, und haben Interesse an einer honorarvergüteten Publikation?

Dann senden Sie bitte erste Informationen über sich und Ihre Arbeit per Email an *info@vdm-vsg.de*.

Sie erhalten kurzfristig unser Feedback!

VDM Verlagsservicegesellschaft mbH
Dudweiler Landstr. 99   Telefon +49 681 3720 174
D - 66123 Saarbrücken   Fax   +49 681 3720 1749
www.vdm-vsg.de

Die VDM Verlagsservicegesellschaft mbH vertritt

Printed by Books on Demand GmbH, Norderstedt / Germany